岩波現代文庫／社会 298

いのちの旅

「水俣学」への軌跡

原田正純

岩波書店

「水俣学」の扉——まえがきに代えて

「水俣学」などと口走ってしまったら、ネーミングがよかったのかいろいろなマスメディアが取り上げてくれた。そのために言葉だけが独り歩きをしてしまって、いささか戸惑っている。

卒業後四十年の長いこと熊本大学医学部にいて、あまり他所の大学から誘いがあったことはなかった。定年を間近にして急にいくつかの大学からお誘いがあった。これも水俣病事件が和解で解決したと思われたためなのか、わたしの水俣病への関わりが認められたからだろうか、とこれもまた戸惑った。

そして、わたしは水俣に育てられ、水俣病事件の証人を自負しており、水俣があって今のわたしがあるのだから熊本から離れたくないとも思っていた。しかし、九州内ならまあ何とかなるということで、定年後ならということで内諾していた大学もあった。そんななかで、熊本学園大学から誘いを受けたとき正直いって嬉しかった。これで、じっくり地元に腰をすえて今までやってきたことをまとめる余裕ができると思った。それで、社会福祉学部に環境福祉学科が新設されて、そこの担当と聞いて、またまた正直なところ、何をどうしてよいか、頭の中にイメージが湧かなかった。その時、「水俣学」という言葉を口走ってしまったのだ。熊本学園大学というところは不思議な、素晴らしいところである。まさか、冗談と思ったが「それで行きましょう」と言う。国立大学では絶対に考えられないことであった。具体的に何か構想があったわけではないが、全くでたらめに言ったわけでもなかった。長いこともやもやしていたことが「水俣学」という言葉に一気に凝縮したのだった。

熊本大学時代は東京大学、名古屋大学、大阪大学、久留米大学、大阪市立大学、琉球大学、宮崎医科大学など二十数校で、長いところでは十年以上も水俣病の講義をさせてもらったが、自分の大学ではついに水俣病の講義はするチャンスはなかった。熊本大学では水俣病はタブー？　であるのか、他大学から来た教官は「水俣病問題に首を突っ込まないように」と厳しく言われて、不思議そうにわたしのところに事情を聞きに来たこともあった。激しい水俣病闘争をみて、火の粉が医学部に降りかかることを極度に恐れた結果であった。

後輩の若い医師が彼の主任教授にわたしと共同研究をすることを許可してくださいと言いに行ったら、「彼と共同研究などしたら、君は一生この世界では駄目になる」と言って恫喝《どうかつ》された。エイズ事件のときにも同じような話がテープにとられていたが、これが医学部の体質かと思った。しかし、わたしの方にも前もって話をしておかなかったという落ち度があったので、誤解を解こうと何回も面会を申し込んだが逃げまわられた。

このように嫌われたのは、水俣病の研究で熊本大学は輝かしい成果をせっかくあげていたのに、一部の患者と一緒になって批判を重ね、その成果をひっくり返し、水俣病問題を混乱に陥れたというのだ。確かに、やり方に問題がなかったとか、わたしが全て正しかったとは思わない。しかし、力の強い権力と力のない弱い立場の患者がある場合、弱者の立場に立つのが公平であり、医学の中立性を保つことになると信じている。

しかも、一つの仕事が十年経っても批判一つ出ないというのは、むしろそちらが不自然でおかしいのである。批判が出ることによってのみ進歩がある。ある時期、いくつかの事実によって仮説が成立する。しかし、これはあくまで仮説であって、定説ではない。目の前に新しい事実が出てくれば、その仮説は変化しなければならないはずであった。その仮説を権威でもって死守すれば、それは科学でもなんでもなく妄想に過ぎない。むしろ事実を蔽《おお》い隠す役割を果たすことを知るべきである。権威を護《まも》ることが悪いことではないが、事実に目をつぶることで護ろうとするのは学者ではない。

また、同じ大学で意見が異なることを極度に嫌った。教授会は意見の統一を試みることで、少数意見を封じようとしたこともあった。大学というところはいろいろな異なる意見があって、お互いに議論することで、切磋《せっさ》琢磨《たくま》してこそ大学なのだ。多数決がけっして正しいとは限らないことは疑う余地はない。人間の問題を研究しようとすれば、相手が実験動物ではないのだから、煩《わずら》わしい社会問題や政治問題に巻き込まれるのは、覚悟しなければならない。地域の大学が生き残るのはその地域におこった問題を真摯に受け止め、大胆に研究・教育をし、地域と共に解決の道を探り、地域の人びとの信頼を得ることであると考えている。

　水俣病事件でわたしがもっとも学ばされたものは「何のために研究をするかという研究のあり方、専門家とは何か」ということだった。大学のあり方も含めてわたしのこの水俣病を取り巻くさまざまな経験から、何か教訓を若い人に残したいという想いがある。しかし、あくまでこれはわたしの一つの生き方であり、人それぞれ生き方は違う。その多様な考え方、生き方をお互いに認め合うこともまた水俣病から学んだのである。

　しかし、熊本大学はわたしにとって自由で、先輩、同輩、後輩に恵まれたかけがえのない学舎であった。中でも故立津《たてつ》政順《せいじゅん》教授からは厳しい診察の技術と精神を、鹿子木《かのこぎ》敏《とし》範《のり》教授からは深く広い自由主義の精神をもらった。この多くの人たちの支えがなかったら、とても国立大学にいて国を相手に裁判などできなかったであろう。わたしはまわりの人に恵まれたのである。

　十年前に胃がんの手術を受けた。それまでわたしは自分で不死身、死なないとでも思っていた。それから毎年、「この一年間のいのち」と考え仕事に優先順位をつけてきた。それはわたしにとってこの十年間をとても充実あるものにしてくれた。わたしは医師になって四十年間、普通の医師では経験できないさまざまの体験や事件に遭遇したことをこの十年間に、いろいろ書きまくった。

しかし、ただそれを事実として、歴史的事件として伝えるのでなく、何か理論化、体系化できないか模索したいと思うようになってきた。模索は続いた。その時、一つのヒントになったのは足尾鉱毒事件であった。二〇〇二(平成十四)年九月から正規の「水俣学」講座が始まった。正直、まだきちんと構想が固まったわけではない。でも、この「負の遺産」を百年も研究を続けていく、扉だけは何としても開いておきたい。熊本学園大学が長く「水俣学」研究の拠点になって、国内外から研究者が訪れる日のくることを願っている。

本書は、さまざまな事例の中から「水俣学」を意識しながら書き下ろしたエッセイ集である。これによっても「水俣学」が重厚で、堅苦しい、とり付き難い特殊な「学」をめざしているのではないことが分かってもらえるだろう。誰にでもこの扉は開かれている。

二〇〇二年十一月

原田正純

登場する人々の所属・肩書き等は、〔　〕で示したものを除いて
二〇〇二年(単行本初版刊行)当時のままである。

目　次

第2章　忘れ得ぬ人びと

第3章　地球を蝕む水銀汚染

第5章　希望の世紀めざして

第1章　「水俣学」の原像

「水俣学」事始め

水俣病が正式に発見されて四十五年が過ぎた。一九九五(平成七)年、関西訴訟の原告を除く大部分の患者は政府の救済案を受け入れて和解した。それは水俣事件の一つの新しい段階ではあっても決して全面解決や終わりではない。

本年(二〇〇二年)後期から熊本学園大学社会福祉学部で「水俣学」を正式に開講する。世界はもちろん日本でも初のユニークな講座になると思う。水俣病は本来、おこってはいけなかった「負の遺産」である。取り返しのきかないいのちと環境を破壊して地域に大きな被害を与えてしまった。償おうとしてもとても償えるものではない。被害者がわずかに癒《いや》されるのはその責任の所在が明らかになり、事件が将来に教訓として活《い》かされる時である。水俣病は実に巨大な奥深い事件である。水俣病に映してみると世の中のさまざまなことが見えてくる。この国のしくみや政治、経済、学問の在りよう、そしてわたしたちの生きざままで残酷に映し出してくれる。

百年前の足尾鉱毒事件は今もなお多くの人によって研究が続けられている。そこには開かれた参加型の学際的学問がある。その草の根の研究によって、現在なお、日本の近代化が炙《あぶ》り出されている。同様に水俣病事件も今後、百年も二百年も多くの人によって多角的に研究され続けられ、受け続けられていくものと信じている。それを意識して「水俣学」などと勝手に呼んで、次のように宣言している。

水俣学とはまだ模索中で定義も形もない。ただ言えることは、これはまさに人間の生きざまの問題であって、単なる医学の話でも机の上の話(理論)でもない。いのちの価値を大切に弱者の立場にたつ学問が水俣学である。発生から今日までの水俣病との付き合いのすべての過程が水俣学である。水俣病の責任と背景を明らかにするのが水俣学である。水俣病事件に映し出された社会現象のすべてが水俣学である。水俣病に触発されたすべての学問が水俣学である。専門家と素人の壁を超え、学閥や専門分野を超え、国境を超えたバリアフリーの自由な学問が水俣学である。既存のパラダイムを破壊し、再構築する革新的な学問が水俣学である、と。そして学問の在りようを模索していくこと自体が水俣学である(『金と水銀——私の水俣学ノート』講談社より)。

水俣病は決して水俣地方におこった気の毒な特殊な事件ではない。わたしたち自身の中にも身近な周囲にも日常的におこりうる事件であって、他所ごとではない、将来おこりうる事件である。

わたしの原風景

埃《ほこり》っぽい国道3号線を路線バスを降りて、国道脇のみかん畑の小道を下るとそこが湯《ゆ》堂《どう》(水俣市)であった。その短い坂道でみかんの花の香りが潮の香りに変わる。湯堂集落の先にはきらきらと光るまぶしい海があった。この美しい海が毒に満ちた海であろうなど信じることもできなかった。わずかな風に光る海は輝きを増していた。

家々はスチール写真のように風景が停止していた。漁村によくある魚網もなく漁船さえなかった。通常は子供たちが走り回り、呼び交う声、笑い声や泣き声などの喧騒《けんそう》の全くない奇妙な静寂が辺りにあった。まさに、レイチェル・カーソンの『沈黙の春』であった。まるで村中が息を凝らしているようであった。その静寂と光る海とのコントラストの強烈さは今でも鮮やかに覚えている。そして四十余年経った。こここそわたしの原風景であった。

朽ちかけた患者の家々は貝のように雨戸を閉めて開けてくれなかった。隠れるようにひっそりと住んでいた。診察に来たことを告げるといっそう固く殻を閉じた。若いわたしたちにはその状況が理解できなかった。大学病院の医師が検診を拒否されるなど想像もしなかったのである。

「世間がやっと水俣病のことを忘れようとしているのに、先生たちが来るとまたテレビが写したり、新聞が書きたてたりする。すると、また魚が売れなくなってみんなが困るから帰ってください」と言う。また、ある患者は「先生たちには今まで何度も診《み》てもらったし、入院までして、いろいろ治療してもらった。それでも治らなかった。だからもうよいです」と言う。

ショックであった。破れた雨戸の隙間《すきま》から中をのぞくと家の中には何もなく、畳もふすまもぼろぼろで貧困のどん底であることがわかった。確かに医学は万能ではない。治せない病気がたくさんある。では医師と患者の関係は単に「治してください」「治してあげる」という関係しかないのか。彼らは「治らない病気を前にしたとき先生たちに何ができるのですか」、「現状で先生たちが為すべきことは何ですか」と問いかけていたのだった。その問いかけがわたしの医学の原点となった。

病名を変えて

二〇〇一(平成十三)年十月、水俣で水銀国際会議が開かれていた。会場入り口近くの雑踏の中に英語と日本語のパンフレットを配布している人たちがいた。「水俣病の病名変更を考える会」のメンバーであった。「水俣病という病名のために市民が理由ない差別を受けているから変更してください」という請願であった。国際学会では珍しいことであろうか、外国人たちが足を止めていた。わたしはあの時を思い出した。

一九六八(昭和四十三)年九月、国が水俣病を正式に公害病と認定したのを受けて、商工会、医師会、農協など五十団体の有力者が集まって水俣市発展市民協議会を立ち上げた。その時のスローガンの一つに水俣病病名変更があった。その後、全市的な署名運動がおこり、十月には当時の園田直・厚生大臣に対して、また各関係学会に対して正式に病名変更の要請がなされた。その時、認定患者の数はわずか百二十一人と市民の中では、ごく少数派であった。

当時、わたしは患者の家を回って悲惨な状況を見ていたから、この人たち(署名運動をしている)は、なんと人の心の痛みの分からない人たちだと憤った。もし、わたしが水俣病だったとして、周囲が「水俣病の病名で迷惑しているから変えてください」という運動がおこったらどうするだろうか。肩身の狭い思いをして、もう身の置き場がないと思った。

その後、一九六九(昭和四十四)年十二月十七日に開かれた「公害の影響による疾病の指定に関する検討委員会」は「政令におり込む病名としては〝水俣病〟を採用するのが適当」と決定した。その理由として国内・国際的にも文献上にも広く用いられていること、公害的要素が含まれていてこのような疾病は世界のどこにも見られないことを挙げている。ここで言う公害的要素とは、環境汚染によって、食物連鎖を通じておこった有機水銀中毒であるということである。したがって、公害の原点というのは規模の大きさや悲惨さもさることながら、この発生のメカニズムの特異さにあった。他に類を見ないから水俣病は水俣病でなくてはならなかったのである。

差別と偏見は確かにあった。多くの若者たちが都会で自分の出生地を胸を張って言えないのは不幸である。しかし、それは病名を変えればいいというものではないはずだ。先の吉井正澄水俣市長が言った「水俣という国際的ブランド名が残ったではないか。これを利用して新しい町づくりをやらない手はない」と。

胎盤と毒

K君の家は宝の海である不知火海《しらぬい》に突き出すような岬にあった。光る海を背にK君の母親はひと際逞《たくま》しく見えた。彼女の漁師の夫はわずか二十三歳で二人の子供を残して水俣病で亡くなっていた。K君は父親の死から三カ月後の一九五五(昭和三十)年八月二十六日に生まれているから、父親の顔さえ知らない。それは水俣病が正式に発見される十カ月前のことだった。

父親は一九五四(昭和二十九)年七月に発病して熊本大学医学部神経精神科に入院した。当時のカルテによるとしびれ感、言語障害、歩行が真っすぐできない、よろける、手指の運動が拙劣などの記載があり、遺伝性小脳失調症と診断されていた。小脳失調は初期の水俣病の重要な症状の一つであった。同時に三歳の男の子(K君の兄)も同様の小脳失調の症状があったことから遺伝性とされたのであろう。伝染病と同様に血統とか遺伝ということも差別につながった。母親の逞しさは女手一つでこの逆境を生き抜いてきたからである。

縁側でK君とその兄と二人で遊んでいる姿を見て、症状があまりにも似ているのでふと足を止め「二人とも水俣病ですね」と母親に聞いた。この一言がわたしの生きざまを決定づけた。母親の答えは意外にも「いいえ。上の子は水俣病ですが下の子は違います」というものであった。わたしは思わず「どうして？」と訊《たず》ねてしまった。母親は不機嫌そうな顔で「上の子は魚を食べて発病しましたから水俣病です。下の子は魚を食べなくて生まれつきだから脳性小児まひです」と答えてくれた。その説明にその時のわたしは納得してしまった。

確かに水俣病は魚を食べておこるのであるから、魚を食べなければおこらない。これは道理であった。しかし、母親は続けた「そう言ってるのは先生たちではなかですか。わたしはそうは思っていません。考えてみてください。同じ魚を食べた主人と上の子は水俣病になったでしょう。その同じ魚をわたしも食べたのですよ。その時、わたしのおなかの中にはこの子が入っていたのです。わたしの食べた魚の水銀がこの子に行ったに違いないとです」と。そして「この年に生まれた子が何人も同じ症状を持っているとです。他に原因があるなら教えてください」と。これがわたしと胎児性水俣病との長い付き合いの始まりだった。

当時の医学的常識は「胎盤は毒を通さない」というものであった。しばしば、それからも素人の指摘が専門家の常識よりも正しかったことを経験する。そして、この毒物が胎盤を通ったという事実は人類にとって初めての経験であり、人類の未来を暗示するものであった。

残されたものの価値

水俣病を撮影するために三年も水俣に住みついたアメリカの高名な写真家ユージン・スミスさんは、上村智子さんと母親の入浴シーンを撮って世界中の人々に衝撃を与えた。水俣病を伝えるのに、どのような弁舌も筆致もこの一枚の写真にはかなわなかった。

それに「智子はかわいがられ、無視されることがない。家族のものは、生きとし生けるものは、生きつづけなければならないのを知っている」と書いた。同時に「患者たちが裁判に勝った日、だれかが〝智子ちゃんが笑った日〟という見出しを書いた。智子ちゃんにはそれもかなわず、おそらく知ることさえなかった」とも書いた。しかし智子さんはよく知っていたし、母親と立派に会話をしていたのである。

三十年も水俣病を撮り続けている桑原《くわばら》史成《しせい》さんの写真はその瞬間を確かに捉えている。一九七七(昭和五十二)年一月十五日、智子さんは二十の成人式を迎えた。両親が用意した晴れ着を着て確かに嬉しそうに笑っている(桑原史成『水俣(日本の公害2)』草の根出版会編集、日本図書センター発行)。

一九七三(昭和四十八)年三月、水俣病裁判判決のあと患者たちは東京のチッソ本社へ交渉に出かけることになった。両親が智子さんを連れて上京すると聞いた支援者たちが心配してわたしのところへ相談に来た。わたしに「医者の立場から両親に上京を思いとどまらせてくれ」と。わたしは早速、智子さんの家を訪ねた。

じっと話を聞いた後で母親の良子さんは「ありがたいことです。ほんにーみんながそんなに智子のことを心配してくれて。しかし、今回だけは決心しました。この子が生まれてからわたしたち親子は裁判で熊本に行っただけで、どっこも行っていません。新幹線にも乗ったことはありまっせん。今度はこの子が行きたがっていますから行きます」と智子さんを腕の中で揺すりながら言われた。「えっ？　本当？」とわたしが覗《のぞ》き込むと、確かに智子さんは体をばたばたさせて笑った。智子さんは話せなくともよく分かっていたのである。

名画といわれた土本典昭監督の映画「水俣—患者さんとその世界—」「医学としての水俣病」(三部作)でわたしはこの子どもたちがいかに障害がひどく、何もできない無能力であるかを滔々《とうとう》と喋《しゃべ》っている。確かに言葉が出ないとか、全面介助とか、一桁《けた》の計算ができないということも一つの事実である。そしてあの時代はいかに被害が大きいかを明らかにするという時の要請もあった。しかし、同時に残されたものの尊さ、価値をもっと強調すべきであったと反省している。

宝子を見て育つ

上村智子さんは二十二年の短い一生のうちに一度も「お母さん」と呼ぶことはなかった。自ら立つことも座ることもできなかった。しかし、両親、兄弟姉妹の愛情いっぱいの中で育った。

わたしはしばしば智子さんの家を訪れたが、いつも智子さんは母親良子さんの腕の中にあった。智子さんのその頃の家からは水俣湾と恋路島が良く見えた。晴れた日には対岸の天草の島々がかすんで遠くに見えた。時々、近くを鹿児島本線の汽車が汽笛を鳴らしながら走っていった。その度に家が揺れるような小さな家であったがそこにはいつも温かい、ホッとするような安らぎの空気があった。「これは一体、何だろう」と思った。

わたしたちの固定観念からすれば最も悲劇的な水俣病被害者の家庭であるはずである。しかし、父も母も笑顔を絶やさなかった。智子さんのほか子ども六人を養うために父親はチッソの下請けで一日三交代を全部勤め、ミルク代のかわりに山羊《やぎ》を飼ってその乳を搾った。

ある日「お母さんも大変でしょう」と言ってみた。すると「何の何のこの子のおかげで頑張れるとですよ」という返事が返ってきた。そして、いつも頬ずりしながら「この子は宝子《たからご》ですたい」と言うのが口癖だった。

　宝子という理由はいくつかあった。母親に言わせると「この子がわたしの食べた水銀を全部吸い取って生まれてきてくれたので、わたしも(この子の)妹や弟たちも元気でおられます。この子が一人で水銀を背負ってくれたのでわが家の大恩人です。それに、わたしはこの子の面倒で手いっぱいで他の子の面倒は全く見てやれなかったとです。それでも他の子たちはこの姉を見て育ったために自分のことは自分でする、お互い兄弟姉妹が助け合う優しい子どもに育ってくれました。これもこの子のおかげです」。わたしは声も出なかった。

「それになあ、先生。この子がテレビに出るでしょうが、すると政府の偉か人や会社の偉か人が見て、環境に注意するごとなれば、この子はやっぱり宝子ですたい」。わたしたちは障害を持つということを表面的にしか捉えていなかった。障害を持つということは悲劇、不幸とだけ捉えていたと反省させられたのである。

からいもとイワシ

水俣から三十分ぐらい海岸沿いに車を走らせると、T町に入り典型的な漁村になる。この辺りは土地が狭く、胸《むね》(棟)つき合わせるようにして家々が建て込んでいる。小学校が海の上に建っていることで有名であるくらいで、家と家はわずかな狭い路地でつながっている。その路地のどん詰まりは海である。そのほとんどが半農半漁で漁業の合間を見ては段々畑でからいも(さつま芋)や野菜などを作っていた。

当時、ここに調査に入るには水俣から海を巡って船で来るのが便利だった。国道3号線から来ようとすれば山越えしなければならなかった。そのようなところであったから水俣病発生当時は食べるものといったら魚と芋しかなかった。そのころ、冷蔵庫を持っている家はなかったから獲れた魚は村中で食べた。夕食のメニューはみんな同じであった。

イワシが獲れた日はみんなイワシを食べたし、タチウオが獲れればタチウオであった。明日になれば美味《うま》くなくなる、もったいないと言って魚を配ってまわった。したがって、みんなで食べきれるだけ程々に獲った。魚市場だって無制限に買い取ってくれなかった。それで資源は護られてきたのであろう。

このような共同体であるから、ここから一人でも水俣病患者が出たとすれば、村中のみんなが水俣病になってもおかしくなかったのである。そのような当時の事情や、どのような村かを知らなければ正しい診断もできないのが公害病である。

その路地の奥に重症の胎児性患者孝子さんがいる。孝子さんの家を訪れた時、孝子さんの両親から、この同じ路地に一九六二(昭和三十七)年一月に漁業を諦めて関西のY市に出て行った家族があったこと、その時、首が据わらない生後一年六カ月の男の子を連れて行ったことを聞き出した。

それからしばらく経ってから、関西水俣病告発の会のメンバーからその子の居場所が分かったという連絡がきた。現在、わたしが確認した胎児性水俣病患者は六十四人である。すでに十三人が亡くなっている。この子たちは一人だって普通の学校には行っていない。その何人かはこのような聞き込みと口伝えを頼りに、足で歩いて見つけ出したものである。行政がその気になって汚染地区の不就学児を調べれば、少なくともこのような胎児性患者はすぐ分かったはずである。しかし、今日に至るまで調べた形跡はない。

十三年目の訪問

わたしがそこを訪れたのは一九七三(昭和四十八)年五月であった。川村耕一君(仮名)は一九六〇(昭和三十五)年八月二十八日生まれであった。Y市の川村宅は立派な大きな家だった。郷里を離れて頑張られたのであろう。トラックが何台もあって手広く事業をされていることが分かった。

家に上がって一目見るなりわたしは絶句した。そこには、水俣で診てきた胎児性水俣病の患者そのままの症状の少年が寝ていた。郷里を離れて十三年目の訪問であった。姿態が変形していて、体重はわずか二十二キロしかなかったが、少年は賢い美しい顔をして人なつこい笑顔で迎えてくれた。

診察を終えて「胎児性水俣病と思います」と言うわたしに母親は「これでスッキリしました。長いことそうではないかと思いつめてきました」と涙を流された。そして「本当のことが知りたかったのです。下に娘たちもいるので申請して認定してもらわなくて結構です」と付け加えた。わたしは、「原因不明というより水俣病ということが明らかになった方が娘さんたちにもよろしいのでは。でも、申請するしないはご家族で決めてください」と言って診断書を残して帰った。その後、家族で相談して結局、申請された。

申請直後の一九七三年六月十日、川村耕一君はわずか十三歳でこの世を去った。わたしの診断から二週間目、認定申請からわずか一週間目の死亡だった。わたしを待っていたようなあの笑顔が忘れられない。遺体は両親の疑問に応えるべくK医大で解剖された。その結果は間違いなく胎児性水俣病であった。

わたしは悔しくて仕方がなかった。亡くなったこともそうだが、このような子どもたちを行政は長いこと調査もせず放置してきたことが悔しかった。おそらく耕一君のような子どもは他にもいたはずである。その証拠にそれからさらに二十七年後の二〇〇〇(平成十二)年にも、二人の胎児性患者が見つかって話題となった。

後日談がある。一九七六(昭和五十一)年、患者の告発を受けて遅ればせながら刑事告発を検討し始めた検察側に大きく立ちはだかったのは時効の壁であった。水俣病と知ってから三年が時効だとすると、大部分の患者に対する不法行為は時効になってしまっていた。

しかし、耕一君は死亡によって初めて水俣病であることを知ったのであるから、時効が成立していなかった。そのためにチッソの元社長と元工場長は四大公害裁判史上初の有罪判決を受けることになるのである。

青春を返して

鹿児島県出水《いずみ》市から東町、獅子島（現・長島町）は不知火海の南の端で、長島海峡と黒之瀬戸で外洋に連なる。この辺りは古くから漁業が盛んなところとして有名である。そして、ここも芋と魚が主食の時代を経てきた。したがって、水俣病はここでも最初から発見されていたし、胎児性水俣病もすでに確認されていた。

一九九六（平成八）年の（訴訟上の）歴史的和解で水俣病の問題が解決したようにみえるが、この漁村地区を歩いてみると全く問題が終わっていないと感じる。まだまだ未申請、未認定の患者が見つかる。しかも、和解に応じる条件として今後、患者団体、支援団体も水俣病に関する〝紛争〟を一切しないことにしてしまったから、なおさら悪い。明らかな水俣病患者が見つかっても、認定申請や裁判を支援することができない。一度、和解してしまうと将来症状が悪化しても、それ以上の補償は得られない。

とくに若い人たちの問題が深刻である。学童時代に汚染を受け、若干の症状はあったが逃げるように都会に出て行った。ハンディを耐えて懸命に頑張って最近までできた。若

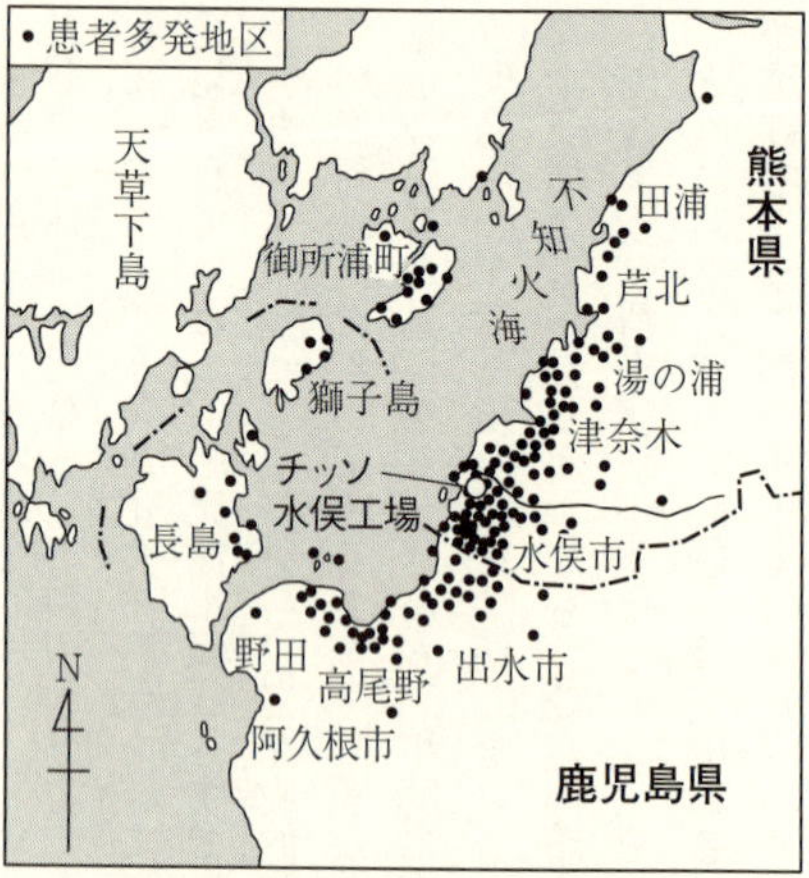

不知火海一帯に広がった水俣病被害

かったためになんとか仕事も勤まったのだが、四十歳を超えた頃から次第に仕事ができなくなってしまった。それに現在の不況が追い討ちをかける。Uターンしてくる者が目立ってきた。未婚者が多い。体調が悪く恋人もできなかったという。

しかも、彼らは和解にも間に合わなかったし、現在の認定基準にも該当しない。帰ってきて漁業に復帰してみたもののそれもできず、あとは日雇いの肉体労働しかない。それも、一日二日行っては数日休むという状態である。それに、すでに認定されている胎児性患者も、この数年（四十歳を超えて）明らかに症状が悪化しているから、今後も目が離せない。

二〇〇〇（平成十二）年になって、新たに二人の胎児性患者が発見された。一人は一九六三（昭和三十八）年九月生まれの男性。一人は一九六一（昭和三十六）年生まれの女性であった。二人とも昔の複式学級（特殊学級）を卒業しておりその後、青春時代を男性は養護施設に、女性は精神病院に長期間入っていた。驚くことに両親はいずれも漁業で認定または保健手帳受給者であったのに、その子どもは一度も水俣病の申請も検診も受けていなかった。

信じられない話である。一人の保存臍帯《さいたい》から〇・七二ppmのメチル水銀が検出されたために、行政も否定のしようがなく認定した(対照の臍帯メチル水銀値は〇・一ppm以下である)。

胎児性患者はもちろんUターンしてきた若者たちも青春を返してと言いたいだろう。

第二の水俣病

一九六五（昭和四十）年六月に新潟市・阿賀野川《あがの》の河口付近で第二の水俣病が発見された。最初、わたしたちは信じられなかった。その理由の一つはあれほど水俣病の原因が明らかになっているにもかかわらず同じ工程を持つ工場が何もしないで操業していたなどとは信じられなかった。もう一つは自分たちのことから考えてあまり川魚は食べないから、川の魚で水俣病がおこるだろうかと疑問に思ったことだった。

しかし、現地に行ってみてその考えは間違いだと分かった。症状は水俣病そのものであったし、魚を食べる量も半端《はんぱ》ではなかった。コイ、マルタ、ニゴイ、ウグイ、ナマズ、フナ、アユ、ハゼ、八目ウナギ、ウナギ、ハエなど魚種も多かった。

患者のKさんは自分が食べた魚の種類を震える手で書いてくれた。「水俣の患者はどんな魚を食べましたか」と聞き、「どんな漁があるか」と漁師らしい質問をした。阿賀野川も豊かな大きな川であった。大昔からこの川辺に住み着いた人々はその恵みに感謝しながら生きてきたことだろう。

河川敷も九州のそれとは違ってとてつもなく広かった。昔はこの川はあたかも大蛇がのた打ち回るがごとく河川敷いっぱいにしばしば荒れ狂って流れを変えたという。自然はいつも恵みと試練を与えた。ために祖先は自然を畏敬し決して侮《あなど》ることはなかった。

新潟では原因が早く明らかになったために、汚染された住民にアンケートを出し、頭髪水銀値を測定した。その結果、頭髪水銀値五〇ppm以上が発症閾値《いきち》と考えた。それが現在、世界的な安全基準として広く用いられている。それはそれでよかったのだが、新潟県は頭髪水銀が五〇ppm以上の妊婦は子どもを産まないように指導した。その結果、新潟では胎児性水俣病の正式認定患者は一人だったという。

新潟日報によると該当者が七十七人いたという。その人たちがどうしたかは明らかではないが、私の知っている限りでは少なくとも五人が中絶し、一人は避妊手術を受けている。新潟で胎児性水俣病の発生を予防(?)したことは熊本大学の胎児性水俣病研究の成果だと言われた。どうしてこれが成果と言えるだろうか。あの胎児性水俣病が訴えたかったことはいのちの大切さであって、過ちを繰り返して胎児のいのちを抹殺することでは絶対になかった。

新潟水俣病検診

一九七一(昭和四十六)年一月、わたしは湯沢辺りの大雪を車窓から眺めながら新潟行きの汽車にいた。このような大雪を見たのは初めてだったので感動していた。

新潟では水俣病が発見されると、汚染されたと考えられる住民にアンケートを出して、魚を多食した人、現在何らかの症状を訴えている人を現地で検診し、さらに疑わしい人を精密検査へとまわし患者を見つけていった。このような大掛かりの住民検診を二回にわたって行ったのであるから、医師または本人の届け出主義の水俣から見ればこれは先進的で完璧と思われた。しかし、それほどに思われたものでも、潜在患者が多数いて、後になって第二次訴訟が一九八二(昭和五十七)年には提起されるのであるから、環境問題ではおこしてしまえば完璧な対策などはないということである。

わたしは新潟水俣病の五年後(二回目)の住民検診を参考にしたくこの時、新潟大学医学部を訪ねたのであった。この第二次調査班の実行メンバーの実質的な班長は故白川健一さんであった。この時を契機にしばしば白川さんとその上司の故椿《つばき》忠雄教授と相互に行き来して患者を診て意見交換をした。

一般では信じ難いことと思うが、医学部では大学間、神経内科と神経精神科の間のこのような交流は通常行われない。それができたのは椿教授、白川さんとわたしたちとが共通した目的意識を持っていたからである。それは世界でも初めての環境汚染による食中毒事件で、その重要性をお互いに認識していたからである。

初期に素晴らしい水俣病の研究成果をあげた熊本大学第一内科は、この頃は全くやる気がなかった。二、三の先輩に声をかけたが、「今さら寝た子を起こしてどうなる」という答えが返ってきた。行政も全くやる気はなかった。「病気になれば患者は医者のところへ行く、医者は水俣病をよく知っているから届けるはずだ。届け出がないから住民検診の必要はない」と熊本県の衛生部長は能天気な答弁を県議会で繰り返していた。

新潟の第二次調査に立ち会わせてもらって参考になったのはよかったが、雪景色を帰りの列車の車窓から見ながら暗い気持ちが広がっていった。不知火海沿岸を新潟みたいな住民検診をやってみれば一体水俣病患者はどれぐらいいるのだろうか、とても数千人ではすまないと思った。

掘り起こし検診

行政が住民検診をやらなければ自主的にやるしかない。まず、手始めに水俣病裁判の原告家族の調査から始めた。家族は当然、同じ魚貝類を食べていたのだから、結果は水俣病と思われる患者が多くみられた。あまりにも多かったので、自信をなくした。そこで新潟大の故椿忠雄教授、故白川健一さんたちのグループにしばしば水俣に来てもらった。

一九七一(昭和四十六)年八月以来、白川さんが不知火海沿岸で診てくれた患者の数は分かっているだけでも四百九人である。この八五％以上を水俣病と診断した。水俣市の対岸の御所浦島《ごしょのうらじま》で認定患者第一号は白川さんが申請した患者だったことはあまり知られていない。

御所浦島で水俣病患者の掘り起こしをしていたのは熊本大学の医学生組織「社会医学研究会」(社医研)であった。最初は公民館さえも貸してもらえなかった。赤軍派の学生とか言われた。しかし性懲《しょうこ》りもなく出かけていっては住民とついに仲良くなり、最後は逆に頼られる存在になっていった。

グループの中には女子学生もいてそこで仲良くなって結婚した組もいる。夜になると青年たちが焼酎を持って押しかけてきて酔い潰《つぶ》そうという作戦に出る。学生たちも負けているかと迎え撃つという壮絶な(?)闘いが続いたという。

わたしはＮＨＫのローカル版で不知火海を隔てた御所浦に患者がいないはずがないと喋ったというので島民から恨まれていた。「あいつが来たら海に叩《たた》き込む」という者がいて、熊大の第二次研究班の御所浦調査にも最初は行かないようにと言われた。

非公式だが、この研究班に新潟大の神経内科グループ(白川健一医師ら)を最初から合流させたいとわたしは密《ひそ》かに思っていた。しかし、わたし自身足止めをくってしまったのでどうにもできなかった。そこで、社医研の学生に頼んで白川さんたちを御所浦島へ案内してもらった。この帰りに白川さんは「湯堂、月浦(水俣市)はひどすぎる、御所浦が新潟と同じくらい」と驚きながらわたしに話してくれた。

白川さんは水俣のわたしたちが抱えている未認定患者の問題解決に何とか協力できないかと本気で考えてくれた。そこで水俣病患者の動作の拙劣さや遅さ、言語障害を客観的に数値化するための器械を持ち込んできた。「こんなことしなくても診る人が診れば分かるのだが、信じない人のためにこんなことをしなくてはならないのが残念です」と言ってはにかんだ。

海に生きる島

御所浦島は広さ十三平方キロの不知火海に浮かぶ小島である。水俣病発生のピーク時の一九六〇（昭和三十五）年には人口が八千五百人いた。この島は長いこと水俣病の被害実態が不明だった。住民は調査さえ拒んでいた。だが、同じ不知火海を漁場としていて、患者が出ていないことはきわめて不自然であった。

最初にここに踏み込んだ新潟大学の白川健一医師は、「驚いた。御所浦が丁度（汚染や患者の発生、症状の程度が）新潟ぐらいですよ。湯堂、月浦はひどすぎますよ。それが十年も放置されていたとは」と言って絶句した。

水俣川の流れは河口から直線でこの島に着く。風向きによってはチッソ水俣工場のサイレンがすぐそこに聞こえる。ここが有機水銀で汚染されていた証拠には一九六一（昭和三十六）年の熊本県の頭髪水銀調査で九七六ｐｐｍ（九二〇ｐｐｍとのデータもある――花田昌宣注）、三五七ｐｐｍという最も高い値を示した人はこの島の住民であったからだ。二次調査団が入島した一九七一（昭和四十六）年以来、百人以上の患者が水俣病と認定されている。しかし、不思議なことにこの島で認定された胎児性水俣病患者は現在もいない。おそらくわたしたちが調査する前に、生まれて間もなく亡くなったのかもしれない。この周辺の島々は長いこと無医村であった。

ところで、今この島は恐竜の島としてちょっとしたブームになっている。この島は一億年から四千万年前の古い地層からなる。われわれの調査の時も石垣に無数の貝の化石を見つけたものだった。いつか、ゆっくり化石調査に来たいと思っていたが、未だに実現していない。アンモナイトや三角貝の化石も出ていた。最近になって恐竜の化石が出たということで有名になったのである。

美しい豊かなこの海はアジアとつながっている。童謡の歌詞ではないが、しばしば椰《や》子《し》の実が流れ着くという。島の遺跡からは八世紀から十一世紀の中国の古銭である開元通宝、淳化通宝が発見されたし、寺院遺跡から高さ十センチ程の南蛮風の金箔の仏像が見つかったりしている。

平地が少なく山地が多いこの島は、古代から海を渡って生活していたものと思われる。いつごろから人が住み着いたかは定かではない。最初、御所浦というから平家の落人《おちうど》伝説と関係があるのかと思っていた。しかし、景行《けいこう》天皇の西国巡幸の際に行宮《あんぐう》が置かれたのが起源という。いずれにしても古くから海とともに生き、海からいのちを受け継いできた。その海が汚染されたということは、青天の霹靂《へきれき》であったろう。

貧困にあえぐ患者家族

わたしが患者の家を一軒一軒回るようになったのは、故立津政順教授の影響もあったが、胎児性水俣病の子を持つ母親の言葉からであった。「いつまでたってもこの子どもたちの病名も分からず治療もしてもらえない。今度は、今度こそはと期待して来るがいつも裏切られている。この子どもたちは誰一人ここまで独りで来れる者はいません。親が付いて来なければなりません。今、一日日雇いを休むことは辛いんです」。

一九六一(昭和三十六)年頃は、胎児性水俣病という最終結論がまだ出ていなかったので、わたしがこの問題を解決してやろうという熱意のあまり、頻繁に調査のために水俣市立病院に呼び出しを行ったからである。

自分の都合だけを考えていたわたしは恥ずかしくなった。それ以降、能率は悪いが一軒一軒訪問するようになった。そのことはわたしにとって〝目から鱗《うろこ》〟の如《ごと》く目を開かせてくれた。親心であろう、病院で見る限りは一張羅のこざっぱりした着物を着せて来るが、家に行ってみると子どもたちはウンチとオシッコにまみれて寝かされていた。畳もふすまもぼろぼろで家財道具一つなかった。

病院では口が重かった母親たちが口を開いてさまざまな情報をくれた。最初に九州大学の偉い先生が来て「脳性小児まひ」と診断されたこと、市役所に行くと「水俣病と分かれば何かしてあげられるが、水俣病でなければどうにもならん」と言われたとか、水俣市立病院では、「誰か死んで解剖されると結果が分かるかもしれない」と言われたとかいう話や、「どこどこに同じような子がいる」という貴重な情報も得られたのであった。

わたしは臨床症状を分析して「彼らは同一症状で同じ原因による同じ病気である」ことを証明し、次いで、「原因としては、発生率が異常に高いこと、水俣病の発生と時期も場所も一致すること、家族に水俣病患者がいること、母親が妊娠中に水俣湾産の魚貝類を多食し、軽いが水俣病に見られる症状が確認できたことなどから胎内でおこったメチル水銀中毒である」と結論づけた。これは「もはや母親の胎盤は胎児を護りませんよ」という人類の未来に対する重大な警告であった。

しかし、当時それは医学界では認められなかった。学会で発表すると学会の重鎮に「そういう重大なことを軽々しく言うな」と叱られた。若かったせいもあって「軽々しく言っていません」と反発したことを覚えている。その発表に関しても直前に取り下げるようにも言われた。

死と引き替えの認知

一九六二(昭和三十七)年九月、わたしが診ていたまり子ちゃんが亡くなった。わずか六年四カ月のいのちだった。しかし、武内忠男教授(熊本大学病理学)が解剖して胎児性水俣病との結論を出されたので、「同じ病気」という証明が活かされて、このとき結論保留の全員が胎盤経由の水俣病と正式に認知された。

まり子ちゃんの家は恋路島《こいじしま》が見える高台にあった。わたしは「誰か死ぬまで結論を待った」ことについて詫びる気持ちでそこを訪れた。まり子ちゃんの位牌《いはい》は小さかった。数回その家は訪れているのに母親は視野狭窄《しやきょうさく》のためか「ほんとにお医者さんですか」と怪訝《けげん》そうに何回も聞いた。マスコミと警戒されたのか、線香を上げに来る大学病院の医者などいるわけはないと思われたかは分からない。

ところが、わたしの胎児性水俣病を結論づけた論文が日本精神神経学会賞を貰《もら》ってしまった。その投稿のときは決して順調ではなかった。一回目の投稿のときは感情的で医学論文らしくないと返された。それでも、ぎりぎり言いたいことは残した。

「私たちは、患者の母親たちから、不信と憤りをもって迎えられた。その理由は、同じような調査がこの四年間に何回も行われたが、何らの結論も出ず、ただの脳性小児麻痺とされ、水俣病との関係はあいまいなままになっているからだという」「母親たちに荷物のように抱かれて公民館に集まった患者は、自らの頭を支えることもできず、全身だらりとし、よだれをたらし、泣くこともできない。その際、患者の様子が相互にきわめてよく似通っており、（中略）。われわれの調査の最初の目的は、この原因不明の疾患の本態を明らかにしようという狭い意味での医学的なものであった。しかし、患者の親たちから苦悩を訴えられ、自ら保護することのできない重篤な神経精神障害の患者に接するにつけ、われわれにはもう一つの任務があるように感じられた」と。

その次は症例の記載が長すぎるので症例を二、三例にしてはといって返された（全症例を記載していた）。これに対しては「世界に例がなく一人一人がきわめて重要だから、各人について経過や症状を詳しく書くのは避けられない」と反論。何回も書き直し、数回目にやっと採用されたという経過があった。それが学会賞を貰うとは考えてもいなかった。賞金を貰うのは悪い気がして、全額子どもの本を買って市立病院の水俣病病棟に届けた。

関西訴訟

多くの人々が不知火海沿岸から水俣病を背負ったまま出ていった。

一九七〇(昭和四十五)年十一月二十八日、大阪の厚生年金会館は異様な雰囲気に包まれていた。この日、チッソの株主総会に一株株主となった水俣病患者や支援者が出席するというのだった。開会と同時に白装束に身を固め犠牲者の位牌を抱き御詠歌を唱和する入魂の行列に総会屋も右翼も社員株主も唖然《あぜん》となった。

患者の積年の思いをただただ直接社長にぶつけるのに、株主総会を利用したというだけで、株や総会に興味があったわけでもなく、理屈があったわけでもなかった。しかし、これは全国的に大きな波紋を広げ、これを契機に関西在住の未認定患者が名乗り出て認定申請を始めた。

当時、水俣病の認定申請から判定まで十年以上かかることは珍しくなかった。関西在住の患者たちも長く待たされた揚げ句、ほとんどが棄却された。それは審査委員の中に「中毒は毒物の摂取をやめたら症状が出たり、悪くなったりすることはない」と確信している委員がいたためである。したがって、故郷を離れた患者の認定率はきわめて低かった。

そこで、一九八二(昭和五十七)年十月二十八日、初めて関西在住の未認定患者五十九人が大阪地裁に国、熊本県、チッソを相手どり損害賠償請求訴訟を行った。一九九四(平成六)年七月十一日、判決は下された。除斥期間経過で請求を棄却した者を除く四十七人中四十二人を水俣病とした。しかし、東京地裁に次いで国、熊本県の責任は認めなかった。

熊本地裁の三次訴訟、京都地裁は行政の責任を認めていた。被害者と行政はその力関係において決して平等ではない。チッソだけが被告のときは被告側証人になる学者はいなかった。しかし、国、熊本県が被告になると被告側証人の学者が増えた。情報を独占し、権力も金もある行政との不平等の中であるから、被害者が一つでも勝訴すれば勝ちである。

さらに、「権威ある」審査会が棄却した未認定患者を六つの地裁判決で、六五%から一〇〇%逆転して水俣病と認定した。本来なら審査委員は責任を取って辞任すべきである。一九九五(平成七)年には関西訴訟を除く訴訟では和解して控訴を取り下げた。関西訴訟では二〇〇一(平成十三)年四月二十七日、初の控訴審判決が下りた。冒頭、大阪高裁の岡部崇明《たかあき》裁判長は裁判が十九年もの長期にわたり迷惑をかけたことを詫びた。法廷は静まりかえった。そして、国、熊本県の責任を認めた。被害者はわずかに癒されたが国は上告した。原告が死に絶えるのを待っているのだ。

〔二〇〇四年十月十五日、最高裁は上告を棄却し、原告患者たちの勝訴が確定した
——花田昌宣 注〕

二つの選択

水俣病二次訴訟以来の争点の一つは「爺《じい》さまの病気は何でしょうか」「私も爺さまも五十年も同じ船に乗って漁をして、同じ魚を食べて、同じ症状があるとです。それがどうしてわたしが水俣病で爺さまは神経痛ですか」という実に単純で素朴な問いかけであった。

ある時の審査会と患者の行政不服の話し合いの場で、委員の一人は「何時間でも説明してあげますよ、でも専門的なことですから患者さんには分からないかもしれませんよ」「あなた方は同じ症状と言われますが、それは自覚症状で、わたしたち専門家は複雑な計器で客観的な症状をチェックしているのです」と答えた。爺さまも婆《ばあ》さまにも専門家である先生方がどうして素人に分かるように説明できないのか分からない。爺さま婆さまにとって症状というのは自覚症状以外に何もないのである。

もともと公害被害補償法は患者の救済を目的としている。どこまで救済するかということはきわめて政治的なものである。一方、医学的な目的はこの広範な汚染地区の住民がどのような影響を受けているか全てを明らかにすることである。それを行政は「どこまで補償金を払うか」という認定制度にすり替えてしまったのが不幸の始まりである。

水俣病やその他の公害病の歴史で見てきたように、認定制度は救済切り捨ての「負の装置」として作用してくることが多かった。それは救済に及んで狭くするか広くするか、どちらを権力が望んでいるかに敏感な専門家がいて、認定基準を固定化してしまうことがあるからである。これを壊し再構築するには被害者の側には厳しい試練が待ち受けている。医学は中立としばしば聞かされる。しかし、一方が権力、財力において圧倒的に強い場合、中立というのは強者の側につくことになる。

哲学者エドワード・サイードは「知識人はどんな場合にも二つの選択しかない。すなわち、弱者の側、満足に代弁(レプリゼント)されていない側、忘れ去られたり、黙殺された側につくか、あるいは大きな権力を持つ側につくかしかない」と言い、知識人(専門家)は本来の役割は前者であり、「権力に対して真実を語ろうとする言葉の使い手である」と主張している(『知識人とは何か』大橋洋一訳、平凡社)。弱者の側に立つことが専門家を育てる。たとえ弱者の理解をはるかに超えるような先端技術であっても、その専門家の発想や思想は彼らによって育てられるのである。

垂れ流す研究費

二〇〇二(平成十四)年三月二十四日付の熊本日日新聞によれば一九九七(平成九)年までの十年間の水俣病に関する総合的研究が十億三千万円、検診・審査促進に関する調査研究が十三億七千万円、認定審査にかかる判断困難事例の研究が六千百万円、水俣病裁判における法的問題の研究四千三百万円であった。国が研究費を出すことは当然のことである。しかし、それがどのような成果をあげ、国民のどのような役に立ったかについて検証されることはほとんどなかった。

とくに、このように最初から目的がはっきりしている研究費については検証が必要である。これは研究者の自由な申請によって受けられる科研費とは性格が異なって目的税みたいに目的が明確だからである。

水俣病の場合も「水俣病の全貌を明らかにする」「被害者を救済する」という明確な目的があったはずである。実態を覆い隠したり、被害者を苦しめるためのものではないはずである。

研究費を貰った者のうち五十五人が裁判所からしばしば判断条件が狭いと批判された認定審査会委員であり、二十人が裁判で国側の証人に立って患者側と対立した。中央公害対策審議会水俣病問題部会委員の十四人中十一人が研究費を貰っている。そして和解が成立した翌年から予算は半額に減額されている。しかも、医学関係の三部門をすべて貰っていた者が十四人、二部門が三十人で多くの研究者が重複または独占していることを示している。これでは族議員ならぬ族学者ではないか。この人たちが水俣病に関して口が重い理由が分かった。

環境省特殊疾病対策室長は「ちゃんとした研究をやってくれる人を選べば当然、審査委員と重なってくるし、国の主張のバックボーンに専門家の医学的判断があるから研究費を出した委員が結果的に裁判の証人になる」とコメントしている(熊本日日新聞)。

ちゃんとした研究をしているかどうかの検証は、発表論文を検討すれば容易である。このような研究費の族学者への提供は何も水俣病に限らず、医学だけの問題ではない。薬物の安全性、環境アセスメントや経済見通しなどにも見られる。もちろん立派な研究をしている学者が大勢いることは承知のうえでのことである。

わたしは水俣病研究に関して国の研究費を貰ったことはない。しかし、研究費を貰わないことが必ずしもマイナスではなく、メリットも大きいことも知るべきである。煩わしい書類や細かい規則から解放されているし、問題が起こった時すぐに対応できる身の軽さがある。誰にも何処《どこ》にも気兼ねなく、何より自由である。自由であることは何よりのメリットである。

第2章　忘れ得ぬ人びと

水俣を見つめ続けて

一九六〇（昭和三十五）年頃、わたしは水俣現地を徘徊《はいかい》していた。

患者の家を訪ねるとき、いつも静かに後ろから付いて来る女性がいた。最初は水俣病に関心のある保健婦さんかと思った。しかし、それにしては寡黙であった。患者を見るその目はやさしさに満ちていたのが印象的であった。それから数年後に知人の紹介で原稿を持ってこられたのが偶然にもその人、石牟礼《いしむれ》道子《みちこ》さんだった。

それは「空と海とのあいだに」という原稿で、後に大宅壮一賞を受賞した『苦海浄土《くがいじょうど》』の原型であった。目的は医学専門用語を教えてほしいとのことだったと思う。道子さんの文学の影響を受けた者は多い。わたしもその一人だ。もの静かだが人のこころを揺り動かす熱いものがある。

ウィーン大学の日本学研究所のリビア・モネさんは石牟礼文学の研究に来日した。熊本大学の文学部の先生たちは誰も「専門でない」と引き受けてくれなかったので、異例だが、文学部留学生を医学部のわたしが面倒をみることになった。わたしが道子さんと知り合いで、水俣病とかかわっていたことから結果的には良かった。成果として『苦海浄土』『椿の海の記』を英訳した。今、彼女はモントリオール大学文学部教授である。

その頃、患者の家に行くと「今、カメラを持った学生さんが来ていた」とか、「カメラマンの卵が海岸にテントを張っている」という噂《うわさ》をしばしば聞いた。でも遭遇することはなかった。このカメラマンの卵が写真家の桑原《くわばら》史成《しせい》さんだった。彼の写真はまさに水俣病の歴史を正確に切り取っている。その写真が水俣病闘争に与えた力は計り知れないし、あの時あの状況で、彼だからこそ撮れた写真である。わたしは彼の写真には親しんでいたが、桑原さんと対面したのは三十五年後のベトナムであった。

また、「東大の若い研究者がうろうろ何をしているか分からないので警戒したほうがよい」と熊本大関係者から忠告されたことがあった。それが『公害の政治学――水俣病を追って』(三省堂)を書いた当時東大大学院生の宇井《うい》純《じゅん》さん(沖縄大名誉教授)だった。宇井さんが水俣病史に残した業績は大きい。初期の宇井さんの研究が裁判にも運動の面でも大きな影響力を持った。水俣病が全国に知られるようになる契機をつくった。当時、別々ではあったが各人が強い思いを抱いて水俣を見つめていた。それが一つに結合するには十二、三年かかるのである。しかし、わたしたちのよい関係は今も続いている。

生命のみなもと

人は海を見ていると穏やかな気持ちになれるのはなぜだろう。それは太古の時代に私たちのいのちが海から育まれてきたからではないだろうか。

一九九三(平成五)年に亡くなった砂田明《すなだあきら》さんは独り芝居「天の魚」(石牟礼道子原作)の中で「魚《うお》は天のくれらすもんでござす。天のくれらすもんを夕ダで、わがいると思うしことってその日を暮らす。これ以上の栄華《えいが》の、どけぇいけばあろうかい……」と爺《じい》さまの言葉で自由な暮らしと海の豊かさを歌い上げた。

水銀は魚や貝をとって食べたヒトを傷つけた。それればかりか魚を直接食べなかった胎児さえ傷つけた。いや、水銀はネコや水鳥や魚などこの海と周辺に棲《す》む生類すべてを傷つけ、または殺した。そしてムラをも破壊した。

よそから嫁に来た奥さんに聞いた。「嫁に来て、何が最初困ったですか」。しばらく考えていた奥さんは「魚屋がなかったことだった」と言った。「えっ」と驚くわたしに「あの頃は魚屋はなく、魚はどこで買うんですかと聞いたら、魚は買うもんじゃなか、貰うもんたいと言われて驚いた。漁船が帰ってくる頃、浜に籠もって立っとけばよかと言われた。しかし、よそもんでしょうが、この魚をくださいとなかなか言えずもじもじしていた。すると、ほいと言って船から太刀《たち》(魚)でん鰯《いわし》でん投げてくれた」。そのようにみんなが分けあって食べた。

「明日になると魚がだめになるともったいない」と言って道に立って、「誰か貰わんかい」。冷蔵庫も冷凍庫もない時代であったから、食べるだけ、必要なだけ獲る。いのちをいただくだけ獲る。だから無駄な殺生はしなかった。

かつて水俣湾では汚染魚一掃作戦といって魚を獲ってはコンクリートに詰めた。それを見た水俣病患者の杉本栄子さんは「魚がぐらしか(可哀想《かわいそう》)、ヒトに食べられてこそ成仏するのに、これでは浮かばれん」と言っておんおんと泣いた。

海はいのちのみなもと、そこから湧き出る魚もまた、いのちのみなもとであることを漁師たちは信じている。

砂田明さんの舞台、石牟礼道子さんの文章の世界には医学では捉えきれない水俣病の背景や水俣病の世界が確かに描かれている。数量化、定量化の対極としての水俣病の世界を具現化してくれた。それは医学を学ぶものにとっても決しておろそかにできない世界(思想)である。

川本輝夫さん

川本輝夫さんと最初に出会ったのはいつか定かではない。確か「見てもらえないか」と、父・嘉藤太さんのカルテを持って訪ねて来られた気がする。川本さんは六十四歳の父が老衰で死んだということがどうしても信じられなかった。

カルテは嘉藤太さんが一九六一(昭和三十六)年十月に入院したときのもので、それを見て驚いた。四肢の感覚障害、運動失調、聴力障害、言語障害が記載されている。視野狭窄があれば完全なハンター・ラッセル症候群(有機水銀の重症典型例の症状)である。しかも視野狭窄はないのではなく、検査をしてないのである。貧困のためにすぐに退院させる。自宅で自殺しようとして、それさえかなわない父を無念の涙で三年二カ月介護した。一九六五(昭和四十)年四月、医療扶助を受け、水俣保養院にやっと入れた父が、その四月十四日、狂死するのを川本さんはその精神病院で看取《みと》った。

彼の行動の原点は父にあった。この時の主治医は「昭和三十五年に水俣病は終わったという一般の通説を信じてしまったために、そのための検査を行わなかったことを後悔しています」と書いている。

父を水俣病と認定させることは父の名誉回復とともに苦しみ狂死した無念を晴らすことであった。同様に死んでいった者たちの弔いでもあった。しかし、公害被害者補償法は死者を対象にしていない。川本さんは自らの認定申請で医学の矛盾を突き破ろうと決意した。必死に勉強して准看護士になって、さらに水俣病の医学書を読み漁《あさ》った。もちろん、彼の認定申請は棄却された。そこから行政不服の申し立てが始まる。

川本さんはわたしにも「なぜ、水俣病が昭和三十五年に終わったのか。その根拠は何か」と問い詰めてきた。悔しいが、わたしには何の根拠もなかった。仮説がいつの間にか定説になると新しい事実を覆い隠す役割を果たすことに気付かせてくれた。また、わたしが「脳梗塞《のうこうそく》」と診断すると、「脳梗塞の患者はメチル水銀の影響はないのですか」と言う。問われることに答えきれない悔しさがわたしにはあった。

専門家というのは既存の枠にとらわれ過ぎていることを明らかにしてくれた。そしてついに行政も負けて棄却取り消しの決定を下した。これは行政史上、画期的なことに違いない。その後も川本さんは裁判闘争に心血を注ぎ、一九九九(平成十一)年二月、六十七歳で逝去した。今でも「川本さんが生きていれば何と言うだろうか」と考え込んでしまうときがある。早すぎる死であった。

癒されぬままに

二〇〇一(平成十三)年二月四日、無名の水俣病女性患者が自らのいのちを断った。五十五歳だった。

わたしの手元には四十年以上の彼女の苦痛の記録(カルテ)がある。小学校入学前、一九五〇(昭和二十五)年頃から言葉がもつれ、涎《よだれ》を流し、動作が緩慢・拙劣となった。入学時の記録によると「言語不明、手と足が不安全で他の学童に互して行動ができぬ。無欠席」(ママ)「成績は最低であるが、好んで発表する。学習に対する態度はいたって真面目であった」とある。

一九五六(昭和三十一)年、奇病対策委員会の最初の検診記録の中に彼女(当時十歳)の名前があって、言語障害、歩行障害がはっきり記載されているのだが、なぜか水俣病と診断されなかった。その後もこの資料が活《い》かされることはなかった。彼女が水俣病と診断されなかった理由は、発病が一九五〇年以前という理由による。当時、専門家たちは水俣病は一九五三(昭和二十八)年以降に発病と本当に思い込んでいたからである。水俣病の一九五三年発生説は最初の調査でそこまで遡れたということで、あくまで仮説にすぎないものであった。

一九六八(昭和四十三)年、彼女が二十三歳になって初めて認定申請をするが翌年棄却される。再申請したが、今度は判断保留になってしまう。わたしを彼女の家に案内したのは川本輝夫さん(故人)であった。水俣病特有の語り口とからだが不安定で左右前後に揺れ動くさまはすぐに、水俣病と思った。この時、漁師である両親も診察したがやはり感覚障害、視野狭窄、軽い運動失調などが認められた。審査員の判定が理解できなかった。わたしはできる限り彼女の過去のデータを集め、審査委員長に提出した。しかし、これらのデータは一九五三年以前の、一九五〇年の発病の証拠とされず、逆に、一九五三年以前には水俣病はなかったとして否定の材料にしかならなかった。

川本さんたちの尽力で一九七一(昭和四十六)年四月に水俣病と認定された。それから、チッソとの自主交渉、裁判と、彼女は認定された後も癒されることはなかった。さらに、判決後の川本さんたちの東京交渉によって、彼女も補償金を手に入れることができたが、結局、彼女にとって何も変わらなかった。

終日襲われる全身のしびれ、脱力感、激しい頭痛、痙攣《けいれん》発作、不眠、焦燥感。医師や教師は知的障害と言うが、崩壊したこころの一方では研ぎ澄まされた繊細なこころが苦悩を先鋭化して自らを傷つけた。両親が亡くなってから精神病院に救いを求めた。しかし、そこにも安らぎの場所はなかった。彼女の五十五年の生涯は何だったろうか。しかし、彼女の死化粧はとても安らかであった。

薬はわが家の庭に

水俣病資料館（水俣市）の語り部の杉本栄子さんの話は心に沁《し》みる。それは地獄を見てきた者の持つ強さと優しさである。

網元の娘としてちやほや育てられた栄子さんであったが、一九五九（昭和三十四）年六月に父親が水俣病になってからは村人から敬遠され、差別されその暮らしは今までとは全く違ったものになった。それにさらに追い討ちをかけたのは、その年の八月の母親の発病であった。

父親は十年後の一九六九（昭和四十四）年七月二十九日に肝障害で死亡したが、栄子さんの心には今も生きている。「決して、人の前で泣くな。愚痴を言うな。人を恨むな。泣きたか時は海に行って泣け。人の前で泣いたり、愚痴を言ったり、恨んだりしては網子はついて来ん」と教えられて育てられた。栄子さんは今もそれを大切に守っている。

その彼女も一九六一（昭和三十六）年の春頃から全身のだるさ、身体のあちこちの痛みに悩まされるようになるが、それでも負けん気で頑張り続けた。その頃はもう村八分の状態だったので手伝ってくれる者もなかったという。

それから手足がしびれて、力がなくなり、茶碗も洗えなくなって、落としてばかりで幾つも幾つも割ってしまう。それが口惜しくて台所で独りで泣いていたという。さらに足や手首の関節が腫《は》れて、絶えずこむら返りがひどく眠れない夜が続く。足元もおぼつかなくなりあちこち体をぶっつけ、そのための痛みにヒーヒー言いながら漁に出て、船から何回も海に落ち、一九七〇(昭和四十五)年には堤防から落ちて骨盤骨折で入院もした。彼女に言わせると、「海には何回も落ちるとですが、いつも不思議と、とも綱かかり綱を握っていて助かるとです。まだ運の切れんとです」。

吐き気、頭痛、めまい、ふるえ、手指の運動困難、顔や手足がむくみ、抑うつ的となりあらゆる病院を転々とする。そこではリウマチ、神経痛、関節炎、自律神経失調症、糖尿病、高血圧、肝臓障害、膠原病《こうげんびょう》、更年期障害、ノイローゼなどあらゆる病名が水俣病の上に貼り付けられた。

熊本大学神経精神科のわたしの臨床外来にも彼女は来た。ところがどんな薬も彼女の症状に効果がなく、薬に敏感で副作用がひどくてなす術もなく、正直言って次第に顔を見るのが嫌になってきた。それは彼女の方も気付き、次第に受診が減ってきた。

その後、彼女によると漢方、針灸、マッサージ、温泉などあらゆることをやってみたけど効果がなかったらしい。

二年ほどして彼女はにこにこして診察に来た。「先生、薬は庭にありました」と言う。庭にあったアロエ、ユキノシタ、ドクダミ草、ビワの葉、柿の葉、オオバコ、よもぎ、しそ、梅干などを揉《も》んで漬《つ》けたり、煎《せん》じて飲んだり、いろいろ失敗をしながらも彼女流の治療法を会得したのであった。

そして、「踊りをしております。大分、体の動くごとなりました。踊りは体の悪かもん(者)のするもんですばい」と言ってのけた。つまり、慢性病の治療には本人の治そうという意志と工夫が必要なこと、医療はそれを支えるものでしかないことを示していた。

栄子さんは医師任せ、薬任せは無効なことを強烈にアピールしてくれた。彼女はいつも前向きで感謝の気持ちを表しながら生きている。

がんと闘わん

一九八三(昭和五十八)年八月、新潟大学神経内科の白川健一さんから電話があった。がんを患っていること、手術不能で、もうあまり時間がないことを知らされた。わたしは新潟へ飛んで行った。

「もう時間がなくなりました。やり残したことが気がかりです。研究に協力してくださった水俣の患者さんに借りを返していないことをお詫びして、よろしくお伝えください。役に立たなかったことをお詫びください」。そして「あの素晴らしい海と人情豊かな水俣に、一度妻や子どもを連れて行きたかった。この次には、この次にはと言いながら、とうとう実現できませんでした」と寂しそうに言われた。

白川さんは新潟水俣病を最初から研究してきた。熊本の水俣病に関してもしばしば訪れ、わたしたちにアドバイスしてくれた。証言台にも立ってくれた。とくに「待たせ賃訴訟」(認定業務で処分に時間がかかるのは行政の不作為の違法と判定され、その違法な期間の損害賠償を支払えと言う裁判)では処分までの期間は二年あれば十分と証言して注目を集めた。

また、多くの医師たちが認めようとしない症状をどうにか客観化できないか、その研究に取り組んでいた。そのために機械を持ち込んで運動障害や言語障害を客観化しようとした。そのためには多くの患者の協力が必要であった。患者さんの協力をお願いして現地を一緒に回った。その結果を十分に患者のために使う時間がなかったのである。

われは医師　がんと知りても闘わん　子らにみせたし　いかに生きしか

白川さんの最期の歌である。そして最後まで水俣病研究の大切な部分を録音テープに吹き込み続けた。「時間がない、もっと早く知らせてほしかった。でも、がんと言ってもらって少しでもやり残した仕事に手が付けられてよかった」とわたしに話されたのが最後だった。そしてわずか五十歳のいのちを閉じられた。

一九九〇(平成二)年、七回忌に奥さまと息子さんをわたしたちは水俣に招待した。白川さんを知る多くの患者たちが心から歓迎して白川さんの死を惜しんだ。研究は患者のためにするという当たり前のことが忘れられようとしているときに「役に立たなかったことを詫びる」という重たい言葉を残された。

立津教授の遺産

水俣検診でカルテにたった一行、バビンスキー現象の項に記入漏れがあった。バビンスキー現象というのは先の鋭く尖《とが》ったもので足の裏を擦《こす》ると、中枢性の運動まひがあれば拇指《おやゆび》がゆっくりと足背側へ屈曲し、他の足指が扇状に広がる現象をいう。

「記入していないということは、マイナス(所見がない)です」と、わたしがいくら頑張っても、恩師の立津政順《たてつせいじゅん》教授(熊本大学神経精神科)は「マイナスと空欄は意味が違う」と言って許してくれなかった。そのために、わたしは足の裏をひと擦りするために水俣まで行かされたのであった。そのように立津教授の臨床の指導は容赦がなかった。

立津教授の臨床指導は「診察室から飛び出して患者を診《み》なさい。本は夜読めばよい」であった。さらに「診察室で診たら、今度は病室の中で診なさい。病室で診たら、生活の場で診なさい」であった。慢性期の水俣病患者は典型的な運動失調、感覚障害などは診察室では診えにくいもので、しばしば患者の訴えだけで客観性がないなどと言われるものである。

しかし、食事中の箸《はし》の使い方とかスリッパの履き方、階段の昇降など生活の場で診ると、本人の訴えが決して客観性のないものではないことが分かる。三池炭じん爆発による一酸化炭素中毒後遺症のときも自宅に行って診るとか、実際に働いている場所で診るとその症状がはっきりした経験がある。

たとえば、家に行って診ると家中、畳はタバコの焦げ痕《あと》だらけ。「どうしたのですか」と驚くわたしに、「タバコに火をつけてその辺に置いて忘れてまた火をつけるんです。危なくて危なくて、わたしは働くどころか外出もできません」と妻は言う。職場の状況や労働の内容も知らずして、医師はわたしも含めて、しばしば「復職可」とか「復職不可」とか診断するが、どれほど分かっているというのだろうか。

しかし、「診察室では診断できない」などと言うと「それでも専門家か」と言われそうである。確かに、いちいち出かけて診なければ分からないというのでは困る。そのためにも、そういう修練を日頃繰り返しておかないといけないということである。しばらく、その修練を怠ると診る目が鈍ってしまう。そして、それは悪条件の中で、しかも、短時間に症状をとらえなければならない時に非常に役に立つ。立津教授が残してくださった貴重な遺産である。

大晦日の診察

立津政順教授の診察は超・長時間であった。一人の診察に二時間などは珍しくなかった。ある時、わたしに大晦日《おおみそか》に水俣に診察に行くから付いて来るようにと言われた。大晦日は県外に出ている家族が帰って来ているはずだから、同じ魚を食べた家族の症状を診たいという立津先生らしい発想であった。

しぶしぶお供をしたわたしは「先生、今日は大晦日ですから紅白歌合戦までには帰りましょう」と言った。すると立津教授はけらけら笑って「あんなもの、君、まだ見てるの」と言われた。わたしは、紅白を見たいのではなく、紅白に間に合うように帰るためには水俣を少なくとも六時には出ましょうというなぞであったのだが、この先生には全く通用しなかった。そして、とうとう患者の家で診察中に紅白歌合戦は始まった。あきれてものが言えなかった。でも、不思議なことにわたしのハラハラをよそに一度も診察が長すぎると言って患者から怒られたことはなかった。それに、帰郷した家族を診ることは大きな意味があった。

この頃、新潟では遅発性水俣病の存在をめぐって議論がおこっていた。遅発性水俣病というのはメチル水銀の取り込みをやめても症状が進行するというものであった。すなわち、魚貝類の摂食をやめても水俣病の症状が進行するかどうかという議論であった。

新潟の場合、原因が直《す》ぐ明らかになったために、例外はあったが、川魚を食べるのは止められた。にもかかわらず、症状の悪化が見られたのだった。水俣周辺では一九七一(昭和四十六)年まで一度も漁獲禁止はされなかったために食べ続けられたし、汚染は続いていた。そのために、遅発性水俣病かどうかは郷里を離れた人を診て確かめるしかなかった。しかも、同じ魚貝類を食べた家族のなかでも症状のばらつきがあることなど貴重なデータが得られ、それはその後の患者の救済に役に立ったのである。

矛盾するようだがこのような長時間診察、生活診察の訓練を受けてきたことが、悪条件下でも短時間で症状の要点を摑《つか》むのに役に立ったのである。

三池の炭じん爆発の一酸化炭素中毒事件のときも、一九六三(昭和三十八)年の大晦日にも立津教授から「至急、脳波を採ってくるように」と言われたことがあった。この時は「患者の症状が急変したから」というのが理由だった。確かに、この時の所見は貴重なものとなった。

阪南中央病院

大阪府松原市にある阪南中央病院の研修室に集まった若い医師たちの生き生きとした目を見てわたしは感動した。水俣病の関西訴訟が提訴されたのが一九八二（昭和五十七）年十月であるから、今から二十年前だったと思う。

不知火《しらぬい》海沿岸から職を求めて多くの漁民とその家族が関西に移った。当然すでに水銀に汚染されていたから、程度の差はあってもさまざまな症状があった。それでも若い時は医者に通いながら何とか頑張ってきた。

故郷の家族や親戚に水俣病患者がいることを考えると内心、「自分も水俣病に罹《かか》っているのではないか」と思うが、そのことは決して口に出せなかった。それを言った途端に主治医を失うことになることを知っていた。それを口にすると、多くの医師は「水俣病は分からないから熊本に帰って診てもらいなさい」と決まって言った。

わたしは、口コミを頼りに支援者の案内で大阪府内から津市、宇治市などへ足を伸ばして胎児性患者や慢性水俣病患者を見つけて回ったが、ただ診るばかりで治療や生活やリハビリについての助言はできなかった。そこへ誰からか「とても親切で熱心に水俣病に取り組んでくれる病院がある」と聞き、阪南中央病院を訪れたのであった。

その日、わたしは水俣病の歴史や診断、治療について話した。以来、この病院は関西水俣病患者の心の支えとなり、関西訴訟に重要な役割を果たした。もし、この病院がなかったら関西訴訟が勝利することは困難だっただろう。以来、三浦洋院長(当時)、村田三郎、山本征也医師ら、看護婦、その他のスタッフはしばしば水俣を訪れ交流を深めた。そして、大変世話になった。患者にとってもわたしにとってもなくてはならない病院だった。

三西化学農薬被害事件(福岡)では被害が全身に及んでいるから総合的な診断・検査が必要であったので、厄介で複雑な診断書もお願いした。一九八八(昭和六十三)年にはベトナムの枯葉剤被害調査の協力をお願いしたのだが、院内に日越医療交流協会を設立して以来、十数カ所の診療所をベトナムに建設し医療支援を続けている。この地味な業績はもっと評価されてよい。

病院スタッフ全体が情熱の塊のような気迫があって、常に弱者、被害者の立場で患者の人権を大切にしている、もっと評価されていい貴重な病院である。医療不信が続くなかで大阪府が全国に誇れる病院であったはずだが、財政難を理由に本年度から補助が打ち切られることになった。それを聞いて全国から四万人の署名が届いたという。

公害研究委員会

「世界環境調査団」(都留重人団長＝元一橋大学学長、中日新聞後援)に参加しないかと東大助手(当時)の宇井純さんに誘われた。第一次調査団は一九七五(昭和五十)年三月に出発して五十二日間で十六カ国を調査するというものであった。ストックホルムの第一回国連人間環境会議出席以来、宇井さんはいろいろ引き立ててくれた。それで思い切って参加することにした。

第一次調査団は宮本憲一(大阪市大)、宇井、わたし、故唐木清志(中日新聞)と、故華山謙(東工大)、永井進(法政大)、塚谷恒雄(京大)、淡路剛久(立教大)、岡本雅美(東大)の二班に分かれた。第二次調査団は八月にカナダの水銀汚染地区に限って再調査をした。以前のメンバーに中西準子(東大)、故飯島伸子(同)、藤野糺(熊本大)、赤木健利(同)、茂野豊次(中日新聞)が新たに参加した〔以上、所属は当時のもの〕。

この「世界環境調査団」への参加がわたしには大きな転機をもたらした。この時のことが認められて(?)この年から「公害研究委員会」(都留重人代表)に加えてもらい、『公害研究』(現在の『環境と公害』岩波書店)の編集同人となった。

このことが調査団に参加した以上に、わたしには大きな影響を与えてくれた。粒選《つぶよ》りの研究者たちとの学際的な研究交流によって、わたしを狭い医学の枠から解放して、見る目を開かせてくれた。学問のあり方、研究の仕方はもちろん、水俣病に関しても距離を置いて多角的に見ることを学んだ。そして何よりもわたしの財産になったのはこの研究会の優れた豊富なメンバーであった。

水俣病に関してもその時々の重要な節目に論文を『環境と公害』に掲載した。それは大きな励みになったし、現実に患者の救済に少なからず役に立った。

多くの人からいろいろな影響を受けたが忘れられない人に故田尻宗昭《たじりむねあき》さんがいる。彼は海上保安庁巡視船の船長で「海のGメン」と呼ばれ、わが国で初めて巨大企業を海の汚染で摘発した。情熱溢れる正義感は聞く人の心を揺さぶった。「田尻さんのような公務員が百人いたら日本は変わる」と言ったのは宮本憲一さんだった。

一九九〇(平成二)年七月四日に肝臓がんで亡くなった田尻さんを偲《しの》んで「田尻賞」(鈴木武夫選考委員長)を創設し、環境、海、労災をキーワードに各地の隠れた人材を掘り起こしている。すでに三十人近くが受賞しているが、いずれも「ここにこのような人が」という人ばかりである。その中に学者と役人はいない。

温かい心と冷めた頭脳

公害研究委員会には多彩な顔触れがいる。互いに影響を受けながらも自己のアイデンティティーを保ち、学問的な規範を護《まも》っていく人たちだ。宇沢弘文《うざわひろふみ》さん（東大名誉教授）もその一人である。彼は「水俣病の患者を見て、わたしの学問体系が崩れた」と言われる。体系が崩れたかはともかく、大変な衝撃を受けられたことは事実であろう。

胎児性水俣病患者の家に案内したとき、怒りと悲しみを隠そうとはされなかった。寡黙になって眼鏡の奥に涙が光った。そして「チッソによっていのちが奪われ、健康を傷つけられた人々が完全に救済され、心休まる日がくるまで日本経済の貧困は解決できない」と言われた。時に唐突、突飛に聞こえる発言があるが、それはわたしの読みが浅いためだったことが多い。

湯《ゆ》の児《こ》温泉は水俣市から海に向かって四キロの風光明媚《めいび》なところである。海岸沿いの道は木々の間から蒼い海と御所浦島《ごしょのうらじま》や獅子島が見え隠れして格好なジョギングコースになる。一九八一（昭和五十六）年に公害研究委員会をこの湯の児で開いたことがあった。

朝、宇沢さんの姿が見えないので、みんなが心配していると「水俣までジョギングして来た。空気が東京とはぜんぜん違うね」と帰ってこられた。そして「チッソ工場をひと巡りしてきましたよ。それにしてもチッソの経営状態は最悪ですね。労働者の表情が冴《さ》えないですね。やる気がありませんね。これでは労働者も気の毒だけど水俣病患者も救われませんね」と。

わたしは腰を抜かさんばかりに驚いた。宇沢さんのような大学者になると工場の周りを走っただけで経営状態が分かるのかと。しかし、それは正当な評価であった。万事がこの調子でみんなが笑いに誘われるが、不公平、不条理に対する憤りは激しい。それはやさしさの裏返しでもある。

その憤りは成田空港問題でも発揮された。農民の立場、二十五年間闘ってきた支援者の立場に立ったとき、国・空港公団に対しての憤りが頂点に達した。公団と反対派との調停のための隅谷《すみや》委員会に参加して無謀ともいえる解決への道探しに努めた。宇沢さんに頼まれて、わたしもこの委員会に参加したが、警察の保護下におかれてしまったので水俣裁判に影響があってはと途中で降りた。

「学者は温かい心と冷めた頭脳が必要」という宇沢さんの言葉を大切にしている。ユニークな学者と知り合えたのも〝バリアフリー〟の公害研究委員会のお陰である。

第3章　地球を蝕む水銀汚染

国際学会デビュー

わたしの国際学会でのデビューは三十年前の一九七一(昭和四十六)年の十一月、インド・ボンベイ(現ムンバイ)での第三回アジア・太洋州神経病学会であった。そこでわたしは世界初の胎児性水俣病の研究を、下手な英語で発表した。発表が終わるとフロアから何人か手が挙がった。早口で英語の質問を受け、わたしは頭の中が真っ白になってしまった。どうしようかと見回すと前列の白木博次教授(東大)が目に入った。演壇から降りて「先生、質問は何ですか」と聞いた。白木教授は立ち上がるとベラベラと直接英語で代わって答えられた。そして「これでいいかね、君」。「……」。これがわたしのデビューであった。後で白木教授の「まあ、最初はあんなもんだよ」で救われた。

この学会には日本から井形昭弘教授(当時、東大助手、のち鹿児島大学学長)、近藤喜代太郎教授(新潟大学講師、のち北海道大学教授)ら日本の神経内科を創設した先生たちと一緒でいろいろ学ぶところが多かった。それがその後、水俣病をめぐって原告側(患者と家族)と被告側(チッソ、県、国)の証人に分かれて対立する関係になろうとは夢にも思わなかった。

やっと学会も終わって、明日から少し観光旅行でもしようと思っているところに、突然空襲警報が鳴って外出禁止となった。第三次印パ戦争の勃発であった。二百年に及ぶイギリスの植民地支配から独立した後、イスラム教徒の多い地区は西パキスタンと東パキスタンに分離され、自治権拡大を求めた東パキスタン(現バングラデシュ)の独立闘争にインドが介入したのであった。

ボンベイ空港が爆撃され閉鎖された。戦争が長引けばいつ帰れるか分からないと思うと不安は絶頂に達した。しかし、町に出ると民衆は道端に寝転んでおり、全く緊張感はなく、「誰が戦争しているの?」という感じだった。民衆の逞《たくま》しさというか、二百年の植民地支配に対する政治的無関心というのか、これでは戦争が長く続くとは思えなかった。このような経験もあって、インドは嫌いになって、帰る時、決して二度と来るまいと思った。

嫌だったのは不衛生と貧困、物乞いのすごさ、それに町中に充ちた匂いだった。それで、一九八四(昭和五十九)年に一晩で二千人が死んだ世界最大の農薬ガス漏洩《ろうえい》事件(ボパール事件)がおこるまで再び訪れることはなかった。しかし、今、わたしはインド民衆の逞しさと誇り高さに敬愛の念をもっている。

第一回国連人間環境会議

一九七二(昭和四十七)年六月、スウェーデンのストックホルムで第一回国連人間環境会議が開催されることになった。東大の自主講座をやっていた宇井純さん(沖縄大学名誉教授)が、「日本政府の報告書は日本の公害の実態を十分に報告していない、水俣病などはほんのわずかしか触れられていない」として直接被害者が参加して報告しようと提案してきた。

このような発想はわたしたちには絶対できないことなので、みんな驚いた。相談の結果、水俣病患者の浜元二徳さんと胎児性水俣病患者の坂本しのぶさんが参加することになった。そこで、「誰か医者が付き添って行け」ということになって、わたしのところへ宇井さんが説得に来た。浜元さんもしのぶさんも顔なじみであったから断れなかった。しかし、それが患者を診察することしか能のないわたしに、世界に目を開かせてくれる契機となった。

一行は国連の正式会議にはオブザーバーとしても入れてもらえなかったばかりか、日本の団長(大石武一環境庁長官＝当時)との面会も日本大使館主催のレセプションにも参加を拒否された。はるばる実情を訴えに来た患者は気の毒であった。それで会場の入り口近くで被害者の立場で書かれた英文の「Polluted Japan」を各国代表に配った。市民が寄って来て手伝ってくれた。中にはテーニング教授という高名な水銀問題の専門家もいて、一日中付き合ってくれたのには感動した。

スウェーデン政府はＮＧＯの集会も援助し、会場を用意してくれた。ここがわが国の姿勢と違った。しかし、ＮＧＯ大会運営は紛糾して二つに分裂してしまった。争点はベトナム戦争であった。ベトナム戦争こそ最大の環境破壊であるから取り上げるべきだとする中国、アフリカなどの第三世界の諸国と、それを議題から外そうとする欧米を中心にした諸国とが分裂してしまった。前者は人民フォーラムといい後者は環境フォーラムとし、独自に開催した。

日本から参加した全国公害弁護団連絡会議は環境フォーラムに参加した。わたしたちは無節操にも行ったり来たりして、ちゃっかり両方のフォーラムに参加した。

宇井さんからは出発前に通訳も同行すると言われていたので安心していたら、「大学卒には通訳を付けない」と言われ、慌てて徹夜で英文でパンフ作りという羽目になった。その時は宇井さんを恨んだが、それがわたしにとっては良い経験になった。

子宮は環境

胎児性水俣病と出会ったとき、世界で初めてという認識はあったが、うかつにもそれほど重大なことだとは正直思っていなかった。なぜ、有機水銀は胎盤を通過するのか、ということはあまり深刻に考えていなかった。

一九七二(昭和四十七)年六月、ストックホルムで開催された第一回国連人間環境会議に、胎児性水俣病患者の坂本しのぶさんと行くことになった。この会議に参加しようと提案したのは、当時東京大学助手の宇井純さんであった。初めてのストックホルムはわたしにとって感動の連続であったが、水俣病についてこんなにも強い関心があるとは予想をはるかに上回った。

胎盤を通じて毒物が胎児に行くという現象の持つ意味の大きさを自覚したのはこの時だった。それと日本のNGO代表団にはカネミ油症の患者と梅田玄勝医師(故人)、イタイイタイ病の萩野昇医師(故人)が入っていたことは、その後のわたしの研究の展開に幸いした。

一九六八(昭和四十三)年夏、西日本一帯でカネミ油症事件がおこった。これは米ぬか油の脱臭の際に、熱伝導に使ったPCB(ポリ塩化ビフェニール)が混入した事件である。最近はカネミ油症の主役は、PCBよりも毒性の強いPCDF(ポリ塩化ジベンゾフラン)やダイオキシンと言われているが、いずれにしても胎盤経由の胎児性油症患者が生まれることが明らかになった。このニュースを聞いて驚いた。「なぜ、PCBは胎盤を通過したのか」と。

やっとの思いで多発していた長崎県玉之浦町を訪れ、実際に胎児性油症患者を診たのは六年後のことであった。胎児性水俣病と胎児性油症とを比較すると、同じ胎盤通過物質でもメチル水銀は神経毒性が圧倒的に強く、PCBは体内残留性が高いという違いが分かった。どちらも厄介であること、世界でいずれも初めてであることは共通していた。

ストックホルムのカロリンスカ医科大学で若い研究者が「環境中にPCBがじわじわと増加しつつあるのでその人体に対する影響が心配される。今からの環境問題で最大なものはPCB汚染である」と言い切った。

「日本ではそれを数千人が食べて中毒になったよ。胎盤を経由した中毒例も確認されているよ」と言うと、その驚きようはなかった。「日本という国はどうなってんだ!」

自然界に全く存在しないか、あってもごく微量な物質に対して、生物は無防備であることを証明したのであった。

病像のモデル

一九七二(昭和四十七)年六月、ストックホルムは、花が一斉に咲き乱れ、長い冬から解放された人々の表情は明るかった。

第一回国連人間環境会議中にカロリンスカ医科大学から臨床講義の招待を受けた。日本から参加したNGOの宇井グループには水俣病以外にカネミ油症の患者と主治医梅田玄勝医師(故人)、イタイイタイ病の萩野昇医師(故人)もいた。それで水俣病、カネミ油症、イタイイタイ病の三大公害病の臨床講義が組まれたのであった。この三つの病気は人類が地球上で初めて経験した人造病であったから、ヨーロッパでは初めて見る病気ばかりであった。

カロリンスカ医科大学はノーベル医学賞の選考委員会がある権威ある大学であった。講義に先立って、学部長から萩野先生にイタイイタイ病の研究業績に対して記念メダルが授与された。大きなからだの萩野先生が「日本では私はこんなに評価されていません」と言って大粒の涙を流されたのが印象的であった。

その合同講義の後、若い研究者が「スウェーデンでは水銀問題は終わった」と言い切ったが、テーニング教授(ルンド大学)は「それは正しくない。疑わしい患者がいるが、判定の基準が難しいのだ」と言った。テーニング教授はそれで坂本しのぶさんと浜元二徳さんら水俣病患者から離れようとしなかったのだ。

昭和三十年代に北欧ではパルプの消毒にメチル水銀農薬を使ったが、それが河川や湖沼に流入し、魚に蓄積されていた。一九七〇(昭和四十五)年には使用が禁止されたが、汚染魚を食べた漁民の頭髪や血液の水銀値が上昇していた。漁民の健康調査も行われていたが、「水俣病は発生していない」という結論だった。

それは漁師の血中水銀値を測定して一二ppbから七五ppbまでのA群と、七五ppbから一一〇〇ppbのB群とに分けて、臨床症状を比較して症状の出現率に差(量・反応関係)がないということによったのである。血中水銀値は変動しやすく、測定誤差も大きく、七五ppbで分けて比較する合理性はない。

むしろ一定期間の汚染を示す頭髪水銀値のほうが実態を示したと思われる。さらに、日本をモデルに感覚障害、運動失調、視野狭窄の三つの症状をそろえた患者だけを水俣病と決めたから患者はいないことになった。しかし、対象者の中には感覚障害や視野狭窄などが認められており、すでに発生していたと考えるのが妥当なように思える。この時すでにわが国の水俣病の病像は世界に悪い影響を与えていたのである。

羽毛は語る

北欧は湖が白樺の林の間に無数にある。そこには鳥の名前を知らないのが残念だが、無数の美しいさまざまな水鳥たちが泳いでいる。その卵を一部地域では食べるらしく、フィンランドでは海鳥の卵による水俣病が報告されている。

スウェーデンでも水銀による環境汚染が社会問題化して、農薬原因説が出ると、農薬メーカーは「もともとスウェーデンは地質的に水銀の含有量が高い」と猛烈に反論したらしい。そこで、研究者たちは博物館にある保存された水鳥の標本の羽毛を集めて水銀値を分析した。

スウェーデンの博物館は単に珍しいものを保存・展示するのでなく、資料の保存という意味があって百年も前から、毎年水鳥の標本が保存されていたという。もし、もともとバックグラウンドの水銀が高いのであれば百年前の水鳥の羽毛の水銀値も高いはずであった。

しかし、有機水銀農薬の生産量と水鳥の羽毛の水銀値の年度別推移が一致したので、農薬メーカーの主張は崩れた。その話を聞いたわたしは水俣で過去の汚染を知る手がかりを摑んでみたいと思ったが、日本の博物館や大学付属研究所ではそうした発想や機能はなく、どこにもそのようなものは保存されていなかった。

ある時、わたしが診ている水俣病患者の息子が漁業を辞めて、剝製《はくせい》業をしていることを知った。そして彼は彼の手がけた剝製については依頼主、年月日、獲れた場所、鳥の種類などを詳細に記録していた。わたしはスウェーデンの話を思い出し、その剝製の羽毛の一部が手に入らないか彼に相談した。彼は十日以内に約百羽の剝製の羽毛を集めて持ってきた。

羽毛の水銀は土井陸雄教授(横浜市立大)が分析した。その結果、魚食海鳥、猛禽《もうきん》類に水銀値が高く、次いで動物食陸鳥、草食海鳥、草食陸鳥の順に羽毛水銀値が高く汚染は食餌性であることが明瞭に示された。さらに、羽毛中の水銀汚染のピークは環境汚染から三、四年、時間的にずれていることも分かった。多くの海鳥たちも水俣病の犠牲者でいのちを落としたことだろう。

そこで、それを土井さんと雑誌に発表しようとして気が付くとこれらの海鳥は殆《ほとん》ど禁猟の鳥たちだった。それで二十年前とはいえ環境問題を研究する者としては発表することを躊躇《ちゅうちょ》した。しかし、剝製屋は曰《いわ》く「先生、時効です」と。

食物連鎖（上）

フィンランドはむちゃくちゃ湖が多い。太古の氷河のためだろう。ここでもかつて水銀農薬による汚染がおこった。すなわちカワカマスから三・六ｐｐｍ、アザラシの肉から六二ｐｐｍ、肝臓から一三八ｐｐｍの水銀が検出されたことが報告されている。アザラシが高いのは魚を多食するからである。

長年、環境汚染問題を研究しているノルテバ教授の案内で、ヘルシンキから数百キロ離れた小さい村まで車を飛ばした。途中標識に大きなトナカイの絵が描いてあり「トナカイ注意」というのが珍しかった。ノルテバ教授の研究は面白かった。一・九ｐｐｍの魚の腐肉に湧いたウジムシが羽化したハエは、最高一三ｐｐｍまで蓄積されるという。まさに食物連鎖、環境中の水銀循環の研究だった。

行き着いた先は定年退職したジャルビネンさん（六十六歳）老夫婦の湖のほとりにある小さな木造小屋であった。退職後、ここに小屋を建てて、湖の魚を捕り、鶏と蜜蜂を飼い、年金でささやかに暮らしていた。政府は一・〇ｐｐｍ以上の魚の食用を禁止し、〇・五から〇・九ｐｐｍの魚は食べても週に一回と指導した。老夫婦は湖の魚を食べないように指導された。それで夫婦は釣った魚を食べなかったが、鶏の餌にして、卵を産ませてその卵を食べた。

後で分かったことだがその卵からは白身に一・七ｐｐｍ、黄身に〇・五三ｐｐｍの水銀が検出された。そのためにジャルビネンさんの頭髪から六一・三ｐｐｍ、奥さんからは三六・八ｐｐｍの水銀が検出された。ジャルビネンさんは心臓発作のために、肉より魚を食べるように医師から指導されていたという。

「ネコが奇妙な様子で橋から湖に飛び込むのを見たよ。あれは五年くらい前だったかねえ」と話してくれた。ジャルビネンさんは口の周りと手足のしびれや感覚鈍麻、手足のこむらがえり(小痙攣《けいれん》)、聴力と嗅覚《きゅうかく》障害が見られた。

「はるばる日本から来た医者が診てくれただけで、わしは一生の自慢になるよ」。彼は入院して精密検査を受けたが、「心筋梗塞《こうそく》、狭心症、ぜん息、糖尿病、高脂血症、関節炎、腎臓炎で水俣病ではない」と診断された。このように症状をばらばらにすれば水俣病ではなくなってしまう。

ノルテバ教授は医学者のこのような論理が理解できないという。しかし、医学者たちは「熊本大学の『Minamata Disease』はよい本だ。フィンランドには三冊しかないので手本にした」というのだが……。

食物連鎖（中）

わたしと宮本憲一大阪市立大教授(同大学名誉教授)、宇井純東大助手、中日新聞の唐木清志記者(故人)は、米国ニューメキシコ州のアラモゴードの砂漠を車で疾走していた。ここはマンハッタン計画で有名な広島、長崎に投下された原爆の実験場で、ここでの成功が核の時代の幕開けとなった。

旅の目的はそのアラモゴード町で発生した水俣病を診るためであった。その黒人家族の主人アーネストは学校の用務員をしていた。しかし、生活が楽ではないために豚を飼っていた。その豚の餌のために、ある種子会社から倉庫にこぼれた種子用雑穀《ざっこく》を安く分けてもらってきた。

この時、倉庫の管理人は「食べてはいけないよ」と言った。それで食べなかったが、豚の餌にした。それから四週間目に、一番大きな雄豚を家族で食べ始めた。豚には変わった様子がなかったという。主人は出稼ぎに行ったが、残された家族七人は約百日間食べた。

最初は八歳の娘が校庭のモンキーバーから落ちて、家まで教師に送られてきた。運動と視力に異常がみられた。さらに十三歳の男の子が運動失調と視力障害で発病し、次いで二十歳の長女が発病した。症状は運動失調、言語障害、視野狭窄(視力障害)であった。

一家を襲った奇病はたちまち伝染病として、町中に伝えられ村八分にされた。症状はひどくなるばかりなのでエルパソ市の総合病院に入院した。そこで小児科のニッキー医師によって、有機水銀中毒と診断された。最初はウイルス性感染症、セリウム中毒、ヒステリーなどが疑われたが、疫学調査中に飼育中の他の豚に異常がでてきて原因が分かった。残った豚肉から二七・五ｐｐｍ、また穀物餌から三二・八ｐｐｍの水銀が検出された。食物連鎖による有機水銀中毒であるが、環境汚染ではないから、これを水俣病と言うべきか迷う特異な例である。

悲劇はそれにとどまらなかった。母親のミッシェルは妊娠六カ月であった。生まれた子供は重症の胎児性水俣病であった。

母親は「昨晩は日本からはるばる水俣病の専門家が来てくれるというので眠れませんでした」と真っ赤な目をしていた。このような重症な子を前に、わたしに何ができるというのだろうか。わたしは自分の無力さを謝るしかなかった。

「結局、神に祈るしかないのですね。でも神さまはわたしにこの子どもたちの面倒をみるためにいのちをくださった」と、母親は呟《つぶや》いた。

食物連鎖（下）

輪廻《りんね》という言葉が時々、循環型社会をめざそうとする時に使われることがあって気になることがある。輪廻とは生物が生まれて死に、また別の世界で生まれ変わりまた死ぬことを、無限に繰り返すことをいうのではあるが、そこには因果応報の意味も含まれている。

水俣ではメチル水銀がアセトアルデヒド工場から放出され、まずプランクトンに蓄積された。そのプランクトンを食べて、あるいは直接えらから、また魚同士が食べあって魚貝類に蓄積され、魚や貝が死ぬ。その死肉を再びプランクトンが食べ、それを魚貝類が食べた。そういった食物連鎖(いのちのサイクル)を通じて人が汚染された。母親はさらに胎児に水銀を濃縮して伝え悲劇はおこった。

水俣病は確かに人間の技術過信、経済優先、傲慢《ごうまん》さがもたらした結果といっても過言ではない。しかし、因果応報はその人の責任が次の世まで形を変えて続くものであるが、公害の場合、原因と責任は力あるものにあって、結果と被害は弱者にしわ寄せされるというのが大きな特徴で、大いに異なっている。しかし、確かに輪廻という語には「いのちの伝承」や「いのちの循環」という意味も含まれているような気がする。

フィンランドでは汚染魚を直接食べなかったが、鶏の餌にしてその卵を食べた。結果的にわざわざ濃縮して食べたのである。アメリカのアラモゴードでは農薬で処理した種子を「食べるな」と言われて食べなかったが、豚の餌にした。一度豚で濃縮して食べたことによって悲劇はおこった。水銀の循環の思想、水俣の情報がフィンランドの静かな湖のほとりやアメリカの南部の砂漠の近くまでは届いていなかった。

有機水銀中毒には直接中毒と間接中毒がある。前者は水銀を扱う労働者の職業性中毒や誤食や自殺などによる事故である。後者は食物連鎖を通じておこったもので、アラモゴードの例は食物連鎖ではあるが環境汚染ではない。

環境汚染の結果、食物連鎖を通じておこったものには水銀農薬投棄、アセトアルデヒド工場廃水からなど環境中にメチル水銀が直接排出されたものと、苛性ソーダ工場や金採掘のように環境中でメチル化したものとがある。環境汚染と食物連鎖をキーワードとしたものをわたしは水俣病と呼んでいる。

差別と公害

宮本憲一大阪市立大教授から「オーロラが見えるよ」といって真夜中に叩き起こされた。外に出て見るとその神秘的な輝きは妖《あや》しく、ゆっくりと揺れ動いていた。辺りはというと、息も凍りつくような零下の世界だった。そして、ふと「どうしてわたしは水俣から遥《はる》かカナダの北緯五〇度辺りで寝ぼけ眼でオーロラなど見ているのだろうか」と思った。

発端は故ユージン・スミス氏の写真展がニューヨークで開催されたとき、見に来た一人の男の「カナダのインディアン居留地で水銀汚染事件がおこっている。誰か日本から調査に来てくれないか」という一言からだった。一九七五(昭和五十)年三月、氷に閉ざされた先住民居留地を宮本先生ほか宇井純東大助手、中日新聞の唐木清志記者らと初めてカナダ・オンタリオ州の居留地を訪れた。

酋長は歓迎の席で「われわれが声を大にして叫んでも誰も来てくれなかった。それを海の遥かかなたから来てくれた」「われわれの祖先は父なる太陽、母なる大地、そこを流れる川はわが母の血であり乳であると言った。それを汚したものは必ず死ぬ」と挨拶した。

居留地に入ろうとしたときに白人たちは「やめとけ、危険だ」「あそこには水銀中毒はいない。いるのはアル中ばかりだ」「彼らは仕事をしない怠けものだ」などと、差別と偏見による悪口を散々聞かされた。この地区の警察署長からは「水俣病の患者は狂暴か」と聞かれた。わたしが質問の意味を判じかねていると、「汚染地区はインディアンの犯罪検挙率が異常に高い。水銀と関係ないのか」と言う。わたしは絶句した。

居留地で「インディアンという言葉は差別語ではないか、使っていいのか」とわたしは聞いた。酋長は「どうぞ。しかし、それにはどのようなわれわれの歴史があったのかを知って使ってください」と言った。わたしは水俣病差別の真っただ中で「公害がおこったから差別がおこった」と理解していた。しかし、居留地を訪れたことで「差別のあるところに公害がおこる」ことを教えられた。

彼らはあらゆる生きものに祖先の魂が宿っていると信じている。だから、いのちを受け継ぐためにいのちを頂くので、殺すためだけや、毛皮をとるためだけに生きものを殺したりはしなかった。それを「遅れた未開の文化」と、高度に経済発展した国の人たちは言う。

アルコール汚染

古代からアルコールを持たない民族は少ない。人類はいつの時代からかアルコールを持つようになった。それぞれの民族が民族特有のアルコールを造り文化として育ててきた。ところがカナダやアメリカの先住民は一切アルコールを持っていなかった。

三百年前この地にアルコールを持ち込んだのは白人であった。ついでに言えば、銃も馬も、頭の皮を剝《は》ぐのも白人が持ち込んだのである。一説では彼らは移動が激しかったからアルコールを持たなかったというが、あのモンゴルの遊牧民でも馬乳酒というのがあるからその理由は疑わしい。

ベーリング海が陸続きの頃、モンゴロイドの一部がカムチャツカ半島からアリューシャン列島を伝ってアラスカへ、そして全アメリカへ広がり住んでいったといわれている。それが一万五千年前とも二万年前ともいう。

警察署長や白人が言った通り、先住民のアルコールに対する反応は確かに異常である。多くの民族がアルコールを歴史的には薬としたし、祭りやお祝い（宗教的行事）、人と人との交流に活用した。しかし、彼らはただ酔うために飲む。ただ意識を失うために飲む。アルコールが切れるとスプレーだろうが、オーデコロンだろうが、アルコールの入ったものは何でも飲んでしまう。そのための傷害、殺人、凍死、焼死、交通事故死、赤ん坊の放置死などが多発している。

彼らは楽しくなることも歌うこともない。飲めば飲むほど沈み込んでいく。そのためにさらにアルコールをあおる。凶暴といわれる人々だが、本当は実にシャイでやさしい人々である。獲ってきたもの、稼いできたものはみんなに分け与える。自分のものは他人のものであり、他人のものは自分のものといった具合にあまり私有財産という観念がない。それが近代刑法に触れるのだろうが、自然の厳しいこの地で生きのびるためには、ある種の共産社会が必要だったと思われる。

さらに、彼らは先天的にアルコールを分解する酵素の活性が低い。二万年もアルコールを飲まなかった環境のために酵素活性が退化したのか、ある時点でその遺伝子が欠如したのか。遺伝と環境の関係は鶏が先か卵が先かの議論に似る。

誰にも迷惑をかけない平和な静かな社会に最初に訪れた汚染はアルコールであり、いま水銀汚染が追い討ちをかけている。

水俣病のネコ

わたしたちはカナダの先住民居留地のネコに水俣病を発見して驚いた。このネコが水俣病であったことはミシガン大学のディトリー博士の臓器の水銀分析からも、武内忠男熊本大教授による病理所見からも確認された。

「政府が動かない」と言うので、「政府を動かすには、自分たちで魚を捕ってネコに与えて実験したらどうか」と提案したら、先住民の一人が「政府がとっくに実験しているよ」と言う。宇井純東大助手が「そこへ行こう」と言うのでオタワに飛んだ。

実験しているところはすぐ分かった。研究所長は「あそこから魚を捕ってきてミンチにし、冷凍しておいて実験に使っています。水銀値は平均五ｐｐｍ前後です」と説明した。大規模な贅沢《ぜいたく》な実験がそこでは行われていた。

長々とした説明に多少うんざりしたわたしは「一つだけ質問。ネコは水俣病になったのか、ならなかったのか」と聞いた。「ネコはみんな平均九十日で水俣病になったよ」ともなげに言った。「ではどうしてそれを発表しないのだ。先住民は魚を食べ続けている」と言うと、「それは知らない。われわれは委託を受けて実験しているだけだ」という答えが返ってきた。いつの間にか本来の研究目的(何のために研究を始めたか)を見失っているのではないか。他人事ではない研究者、専門家の陥りやすい弱点である。

先住民の頭髪水銀値を測定してみると、一〇〇ｐｐｍを超える者もいたし、魚を多食する夏に生えた頭髪に水銀値は高く、冬に生えた頭髪の水銀値は低かった。これだけでも、魚を食べたことでおきた汚染であるということが分かった。症状は軽いが知覚障害や視野狭窄などメチル水銀特有の影響が一部に見られた。とくに魚を多食し、頭髪水銀値が高い人にはっきりしていた。

わたしはカナダの水俣病問題を解決するのはカナダの研究者であり当事者でなければならないと考えていたからデータはすべて置いてきた。しかし、それが活かされることはなかった。

昭和三十年代のような重症で典型的水俣病患者が出てきたときは手遅れであるというのに、日本の診断基準に照らして否定された。その裏には日本の医学者の意見もあった。日本国内で長年続く「水俣病とは何か」という診断(認定)基準をめぐる論争は決して水俣だけの問題でなく、地球規模の問題だったことをわたしは思い知るのである。

二〇〇二(平成十四)年の夏、二十七年ぶりに訪れた。カナダ政府は水銀障害委員会をつくって患者を認定し、補償金を支払っていた。それでも正式に水俣病とは公表していない。

水俣と三池を伝えて

一九七六(昭和五十一)年十一月、北京は秋も深まりどんよりとした雲が空を覆い、肌寒かった。その年の夏、わたしは中国科学院(郭沫若院長)から招待されて、中国に行くことになっていた。ところが毛沢東主席が亡くなったために延期され、その後も唐山《とうざん》大地震があって、さらに文化大革命の終焉《しゅうえん》という大事件がおこった。また延期だと思っていたが、江青、王洪文、張春橋、姚文元の四人組追放のさ中に訪中が実現した。交流が始まって間もなくであったので、人民日報にわたしたちと張香山・中日友好協会副会長との会見が報じられて驚いた。

「誰が私を推薦したのですか」と団長の星野芳郎先生(技術評論家)に聞くと「俺だよ。水俣と三池(戦後最大の炭じん爆発)という日本の経験は、これからの中国に必要なんだよ。その両方を話せるのは君だろう」と言われた。この言葉にわたしは目が覚めた。今まで熊本大学医学部に在籍したばかりに、偶然にもこの二つの不幸な大事件に遭遇したぐらいにしか考えていなかった。「確かに、この二つの事件を同じように語りうるのは、世界にわたし以外にいないかもしれない」と身が引き締まる思いがした。

わたしたちは北京から北は大慶コンビナート、ハルビン、瀋陽、長春、旅大市を、南は広州、上海と講演旅行をした。わたしの演題は「水俣と三池」であった。中国人は怒るとチェッチェッと舌を鳴らす。水俣病や三池の炭じん爆発後遺症の写真に一斉に激しく舌が鳴った。公害病と労働災害と二つは異なるものに見えるが、その根底には共通点があることを訴えた。

それには三つの責任がある。一つ目はおこした責任(予見し防止する責任)、二つ目は被害拡大責任、三つ目は救済(償い)の責任である。その責任をあいまいにすると同じことを繰り返すこと、一度おこすと取り返しがつかず、膨大な経済的損失をも受けることなどを具体的に話した。

北の地方では水俣病に対する関心が高く質問が相次いだ。それに対して南の地方はそれほどでもなかった。南北の土地柄の差かと初めは思ったが、北ではあまりにも質問が具体的なので「どこかに水俣病がすでにおこっているのではないですか」と聞いてみたが、それは否定された。後で分かったことだが、その時、実際は吉林省で水俣病問題は大問題になっていたのである。

北欧やカナダでは水俣での初期の重症の水俣病を手本にしたために軽症、不全型例などの非典型の水俣病を否定し、軽微な影響を見落としてしまった。二度も経験のある日本は裁判のために、意図的に被害を矮小化したために、有効な情報を提供できなかった。非典型例とか不全型例とか言うが、本当は多数例が典型例である。むしろ初期の重症例が非典型例であった。

中国の水俣病

一九八一(昭和五十六)年二月、わたしは中国・長春の白求恩医科大学(現長春大学)学長室で異常に緊張していた。「国内にも発表していない水銀汚染問題を初めて発表する」と言うのである。わたしは日本の水俣病について、失敗も含めて問題点を洗いざらい述べてきたつもりで、それに対する返答であった。

その時、明らかにされたのは吉林コンビナートにある、日本のチッソと同じアセトアルデヒド工場をはじめ、複数の工場から水銀が第二松花江に流出したこと、そのために下流三百キロにわたって魚がいなくなったことだった。ここには白魚《はくぎょ》という大きな良味の魚がいて、清《しん》の皇帝はそれを好み、ここから北京へ早馬で運ばせたというほど豊かな川だった。

魚が死滅して魚を食べられなければ水俣病にはならない。が、ずっと下流になると汚染も薄まり辛うじて漁業が成り立っていた。したがって、そこの漁師が汚染された。対象になった漁村は吉林省と黒竜江省のそれぞれにあった。

吉林省側の調査では頭髪水銀値が最高一一八ｐｐｍを超えていた。最終臨床検査に五人が残った。五人とも症状は軽く三人に感覚障害、四人に聴力障害、一人に視野狭窄がみられた。一人は症状の記載がなかった。

「この人は」と聞くと、「感覚障害、視野狭窄、運動失調の三症状がないということです」と言う。さらに「彼はなんでもないと言って、入院して検査と治療(水銀排泄剤)を受けるのを嫌がったのです。しかし、しばらくして自分でも気付かなかったが、治療によって食べ物の味がはっきりしてきたと言うのです」と付け加えた。

「それだけでメチル水銀中毒と診断したのですか」と聞くと、「では何と診断しますか」と逆に尋ねられた。その後、彼らは症状が揃ってきて遅発性(遅効果)水俣病の存在が明らかにされ、一人は死後の解剖で確認された。同様の結果は黒竜江省側のハルビン医科大学でも確認された。

中国ではカナダ、北欧とは違った経過をたどった。それは当時、皮肉なことに日中政府間の交流が緊密でなかったからである。そして、通訳をしてくださった侯教授はそっと「あなたたちが来たから公表できたのですよ」とささやかれた。

へその緒

一九八三(昭和五十八)年七月二十九日、「ジャカルタ湾、水俣病に酷似患者、小児六人確認、魚介類に大量の水銀」「原田助教授を招いて研究会」という見出しの記事(毎日新聞)を見て驚いた。現地から要請を受けてわたしは調査に向かわざるを得なかった。

ジャカルタ空港で大勢のマスコミに迎えられたわたしは、この問題に対する関心の大きさを肌で感じた。その仕掛け人はメサール博士で、環境保護団体のＮＧＯ「グループ10」のリーダーで、神経科の女医さんであった。

ジャカルタ湾は工場、人口が集中したため複合汚染が進行していることは事実であった。一九八〇(昭和五十五)年頃から水銀が一・〇ｐｐｍを超える魚が見つかっていたので、間違いなく水銀汚染も存在していた。そのような状況の中でメサール博士らのグループは、漁村地区の聞き取りや健康調査を行った結果、「水俣病にきわめて類似した症状」の五歳から十三歳の患者六人を見つけたということであった。

ジャカルタ湾の海はあくまで蒼く、漁村ののどかさは日本の漁村と同じで、四十数年前に水俣を訪れたときの海の蒼さを思い出した。インドネシアは多島国家であると同時に多民族国家でもある。ここで漁業を営んでいるのは伝統的漁業民族のブキス人たちであると聞いた。

そこで捕れたエビの九〇%以上が日本に輸出されていると聞いて身がすくんだ。漁村は家と家が寄り添うようにくっ付いていたが、こざっぱりとして清潔であった。患者を診察すると、症状からいえば確かに中枢神経障害を示していた。重症の松永くみ子ちゃんや坂本まゆみちゃんを診る思いであった。しかも集団的に発生していたが、だからといって水俣病であるという証拠にはならない。水銀に関するデータが欲しいと思った。しかも、水俣病の場合と同様に発病はすでに過去のものであった。

わたしは苦しまぎれに「まさかと思うが臍《へそ》の緒《お》は残っていないでしょうね」と言った。するとそのまさかがあった。ここでも日本と同じ臍帯《さいたい》保存の習慣があった。わたしは躍り上がった。持ち帰ってメチル水銀など重金属を分析してもらった。

その結果、鉛の含有量はやや高かったがメチル水銀は水俣の子どもの十分の一、胎児性患者の百分の一であった。同時に採取した頭髪水銀値も低く、水俣病は否定されたが原因は確定できなかった。それこそ〝ジャカルタ病〟というべきであろう。

アマゾンの扉が開かれた

中国の水銀汚染事件以来、タイやインドネシア、中南米でも水銀汚染問題がおこった。わたしはその何カ所かを実際に訪れたが、いずれも人体に影響が見られたという明確な証拠はなかった。これらの事例は汚染源がチッソと異なり、苛性ソーダ工場であったことが共通していた。そして世界的傾向として、苛性ソーダ工場は水銀を触媒として使わない方向へ転換していた。これで水銀による環境問題は世界的にみても終息に向かうと考えた。そして次のグローバルな環境問題はヒ素汚染問題だろうと考えた。

いずれにしても日本には二度の経験がありながら、そこでおこっているような低濃度汚染の影響については情報の蓄積がなかった。

一九八九(平成元)年の夏、作家の高瀬千図さんが突然訪ねて来た。「今度、ブラジルに水銀汚染の取材に行くのですけど、素人が行って、何らかの記録はできるかもしれないが、何か医学的にお役に立たないかしら」と言う。「住民の頭髪を少しもらって来れたら、それを分析してみると水銀汚染のうわさの真偽がある程度分かるかも」と答えた。

それから彼女は現地に一人で行ったのだが、後でわたし自身が行ってみて、彼女の行動は勇気があるというより、無謀に近いものであったことを知った。いずれにしても、彼女は無事に金鉱山の周辺の住民やインディオといわれる先住民の頭髪を集めて来たのであった。

頭髪は早速、国立水俣病総合研究センター（熊本県水俣市）の赤木洋勝さんのもとに送られた。その結果、驚いたことに最高一一三ｐｐｍ、平均二二ｐｐｍの水銀が頭髪から検出された。これで汚染は確実であることは分かった。しかし、大部分が無機水銀であったから、無機水銀中毒はあっても水俣病の可能性は少ないのではないかと考えた。水俣病は有機（メチル）水銀中毒であるからである。このようにしてアマゾンの扉は開かれた。

一九九一（平成三）年十一月十四日、水俣市で「産業、環境及び健康に関する水俣国際会議」が開かれた。それに出席したブラジルのパラ州立大学のギマラエス教授から、調査の協力を依頼された。話を聞いているうちに金採掘労働者だけでなく、環境汚染も進行していることがうかがえた。それで翌年三月、アマゾンの河口近くのベレン市へと向かった。それでもアマゾンは広いから、環境汚染はそう深刻ではないと高をくっていた。

エル・ドラド

アマゾンという名はギリシア神話にでてくる、女性だけの勇敢な武人族に由来するという。それこそエル・ドラド(黄金郷)を求めて、この水域に入ってきたピサロの兵たちが、この地で女人軍との戦いに悩まされたことから名付けられたという。

ベレン市での学会が終わったわたしは、パラ大学の先生たちとタパジョス川の上流のガリンポ(金鉱)へと行った。金の仲買人の町イタイツーバでは病院を訪ねた。病院は悪性マラリア患者でほとんど満員であった。その中に無機水銀中毒患者がいる。「水銀中毒とマラリアとはどうやって鑑別診断するか」とパラ大学で質問された意味がここに来てやっと分かった。

無機水銀中毒は日本では大正年間に水銀寒暖計や体温計製造業でおこった。無機水銀中毒は金属味、腹痛・下痢、口内炎、震顫《しんせん》(ふるえ)、言語障害、しびれ、筋力低下、神経衰弱などさまざまな症状がみられる。そして無機水銀は蒸気で吸い込んだときが毒性が最も強い。砂金を一度、水銀の合金(アマルガム)として、それを焼いて水銀を飛ばし、金を取るからガリンペイロ（鉱夫）は蒸気を直接吸い込む。

二十二歳のガリンペイロのブランコは、十年間ガリンポで働いたというから、十二歳から働いていたことになる。一日十二時間働くという。水銀は一日五、六時間扱った。最初は手足や舌のしびれから始まって、舌や歯ぐきが腫れ上がって痛くて食事がとれなくなった。

頭髪が抜け、筋力が弱って歩くことも立つこともできなくなってしまった。同様な患者をここで五人診た。治療（水銀排泄剤）によって軽快していた。「退院したらガリンポに帰る」と言うから「死んでしまうよ」と脅したが、「行くところがない」と言う。

ガリンペイロが持ち込んでくる金は、仲買人によって再び焼かれて水銀を飛ばす。そのために仲買人も汚染される。ゴールドショップの二階に住んでいた一家が、中毒になった例もあった。わたしたちは現在働いている彼らの頭髪採取と臨床症状をチェックしたが、確実に無機水銀中毒の軽い症状が彼らの中にも確認できた。しかし、病院まで這《は》いずってでもたどり着いた者は幸運であった。多くはマラリア、エイズ、コレラ、そして銃などでいのちを落としている。まさにサバイバルの闘いがある。アマゾンのガリンペイロは四十万とも百万人ともいわれているが、そのうち何人が黄金を手にして娑婆《しゃば》に出て来るのであろうか。

魚にも水銀が——

金の採取過程から無機水銀中毒の発生は容易に推定、確認できた。それでも巨大なアマゾン川だけに、魚に水銀が濃縮されている可能性は少ないと考えていた。全長六千七百余キロ、水域七百五万平方キロ、地球の有効淡水の五分の一を占めるという巨大な川である。無数の鳥獣、魚類や昆虫が棲息する地球の生物多様性の宝庫である。多少の汚染は希釈されるのではないかと考えた。

ガリンポ(金鉱)から三百キロから八百キロ下流の漁村に行った。そこは土と樹木の匂いで、むせるような川沿いの熱帯雨林の中の村であった。のんびりと犬が寝そべっており、鶏が雛《ひな》を連れて餌をあさっていた。

わたしたちの調査の特徴は頭髪採取と平行して、必ず聞き取りと臨床チェックを行うことにある。各地の頭髪水銀値の報告は少なからず見られるが、同時に臨床症状をチェックした報告は少ない。それは調査団に臨床医が参加していないことが多いためと思われる。多くの場合、調査地は医療に恵まれない地域である。したがって、調査に入ると健康に不安を持つ多くの者が集まってくる。とくに乳幼児が多い。調査の目的からすると困るのだが、追い返すわけにはいかない。それで今回もパラ大学の小児科医に同行してもらった。

食物連鎖による水銀汚染の指標は、その地区の成人男性の頭髪を二十人も採取すれば、大体の見当が付く。最も魚を多食し、汚染を最も受けている人たちである。しかし、ここでは十歳になると、一人前の労働力として働いている。漁民たちははるか上流のガリンポの金や水銀とは全く関係ない。目前の大河の恵みで親の代から生きてきた。

その彼らの頭髪から各村で最高一三二から五五ppm、平均で一〇・二から三五・九ppmの高い数値の水銀が検出された。自然は例外なく正直で、自然界に流されたメチル水銀は確実に魚に蓄積され、それを食べる人体にも蓄積されつつあった。しかし、一九九二(平成四)年の第一回調査では水俣病を疑わせる軽い症状も見られなかった。しかし、魚や頭髪の水銀値が高いことから要注意とされた。

「あまり魚を食べないように」と言うと、「魚を食べなければ何を食べますか」「日本は科学技術が進んでいるので、魚を食べても水俣病にならない薬をください」。わたしたちの言葉が空しかった。

当然、健康被害が

わたしは中西準子横浜国立大教授（独立行政法人産業技術総合研究所フェロー）らと一九九三（平成五）年から五年間アマゾン川流域の漁民の頭髪水銀値と健康の調査を継続した。WHO（世界保健機関）による暫定的な頭髪の安全基準は五〇ppmとされている。しかし、五〇ppmを超えなければ、どんなに長期にわたって汚染されても影響がないということはないはずである。

水俣ではあまりにも重症な患者の多発によって水俣病が発見された。それ以前にもし、臨床観察していたなら軽い水俣病が発生していたはずである。この三十年間、水俣病裁判で争われてきたことの一つは、最もミニマムな影響は何かということであった。カナダや中国、そしてアマゾンを調べることは、水俣の未解決の問題に答えを出すことにもなるのである。

一九九八（平成十）年、わたしは四度目のアマゾン訪問を行った。中西教授らのデータによって、この五年間の頭髪水銀が二〇ppm以上を持続した漁民の臨床症状をチェックした。例によってパラ大学の医師たちとの共同研究であった。苦労して該当者を五十人検査することができた。五年前と比較して明らかにメチル水銀の影響と考えられる例が見つかった。

Aさんは五十六歳、漁師である。五年間で六回頭髪水銀を測定しているが最低四二・九ppm、最高七九・一ppmであった。十年前から手足のしびれ感、手指の動きが悪いことを自覚し始めた。診察すると手足の先端に強い感覚障害、共同運動障害、震えなどがみられた。ガリンポ(金鉱)で働いた経験もなく、アルコール、マラリア、薬物使用もなくメチル水銀の影響と考えた。

二七・一ppmを示した十九歳の漁師、三五・六ppmを示した二十三歳の漁師の妻も同様の症状を認めた。幸い軽い症状で本人も自覚していなかった。魚を食べるのを控えるように助言し、水銀排泄剤の手配を頼んだ。二〇〇一(平成十三)年の水俣水銀国際会議でも、タパジョス川水域で同様な患者がいたことが、ドナ・マーグラ教授によっても報告されている。

再度確認のためにパラ大学がわたしに訪問を要請して、JICA(国際協力事業団)に申請したが、環境庁(現環境省)からの横やりによって実現しなかった。軽症水俣病が争点となっている関西訴訟に影響が及ぶことを恐れたのだろうか。もし、そうだとすれば世界各国は低濃度長期汚染の影響を問題にし、安全基準の見直し、とくに妊婦に対しての作業に入っているというのに、日本の環境省はあまりにお粗末である。

ビクトリア湖にも

熊本県宇土市に「地球緑化の会」(柳田耕一代表)というのがある。アフリカ・タンザニアで農業の技術援助をしているNGOである。この会からビクトリア湖周辺にもアマゾンと同じ金鉱があり、ビクトリア湖の水銀汚染が心配なので調査に来てくれないかという要請があった。

アマゾンでは大したことはないと高をくくっていて、深刻な実状に直面した苦い経験をしていたので、一九九八(平成十)年に現地へ行くことにした。ビクトリア湖は琵琶湖の約百倍の広さで、タンザニア、ケニア、ウガンダの三国に囲まれている。

同行したのは柳田代表をはじめ大野秀樹(杏林大・衛生学)、坂下栄(環境科学調査オフィス)、中地重晴(環境監視研究所)の各氏のほか、熊本大学の若い医師、看護婦らで、いつものような要領で即席の連合チームを編成した。

ガリンポ(金鉱)までの道は大変であった。たどり着いた金鉱の規模は小さく、電気もガスもなくすべて人力であった。アマルガム(合金)を焼くのも炭火であった。水銀汚染より劣悪な労働環境が問題で、そこは埃がもうもうとして先が見えないくらいだった。じん肺の危険性が大きかった。

実際、じん肺、肺結核もあったが脚気《かっけ》、夜盲症、マラリア、エイズなどの病気が深刻だった。「これでは働けなくなるよ」と忠告したら「どうしたら良いか」と言う。「マスクをして、水を撒《ま》いたら」と言ったもののその水がきわめて貴重だと気が付いて自分が恥ずかしくなった。

規模が小さいからか現時点ではビクトリア湖の魚も漁民の頭髪水銀値は低い。環境は循環系であるから、食物連鎖の頂点をチェックすると、その生態系の汚染状況がわかる。ナイルパーチという鯉のぼりの口みたいに大きい鱸《すずき》の一種の魚がいる。この魚は百キロにもなる巨大魚であるから、水銀値が高いのではないかと分析してみたが低かった。

しかし、このまま金採掘が続けられていけば、ビクトリア湖はアマゾンと異なって湖であるから水銀に汚染されることは間違いない。とくに資本が投入されて、金鉱が大規模化すればまたたく間に汚染が進行する可能性がある。一方で今、ビクトリア湖で深刻な環境問題は農薬汚染と生活排水による汚染であるという。さらに富栄養化によってホテイアオイが異常繁殖している。船の航行や漁業に支障がでている。ケニア側では日本の援助でその除去作業が行われていた。

石鹸で美白?

わたしたちのビクトリア湖調査には、タンザニア日本大使館に勤務する木村映子さんが、ボランティアとして車と運転手付きで参加してくれた。彼女のスワヒリ語はおそらく日本人の中では最高といえるほど完璧で、アフリカの埋もれた文学を日本に紹介するのが夢である。もし、彼女がいなかったら調査もうまくいかなかっただろうし、現地でマラリアに罹《かか》ったわたしはどうなったか分からなかった。

調査を進めて行くうちに不思議なことを発見した。それは九五〇ppmとか六二〇ppmという、信じられないほど頭髪水銀値の高い女性が発見されたのである。通常、環境汚染による食物連鎖を通じた汚染であれば、住民全体が高くなり、とくに男性が高い。しかし、ここでは全体が低いのに女性がずば抜けて高いのである。

この時、幸か不幸かわたしはマラリアに罹ってしまった。病院に行くと医師が治療の傍ら「何しに来たか」と聞く。それでいろいろ説明をしているうちにその話が出た。医師が「それは石鹸《せっけん》ではないか」と言い出し、看護婦を集めてその疑いのある石鹸名を書き取ってくれた。柳田さんらは町に出てその石鹸を買い集めた。その石鹸には二％の水銀が混じっていた。それは色が白くなるというのが宣伝文句で売られていた。

さらに、驚いたことにわたしたちの一泊五ドルのホテル(?)のマダムの頭髪から四七〇ｐｐｍ、その娘から八〇ｐｐｍ、生後六カ月の孫から二八〇ｐｐｍの水銀が検出された。街に出てみたがタンザニアでは値段が高いので普及が今ひとつであったが、ナイロビ(ケニア)では街に氾濫していた。

ある美容室のマダムに協力してもらったが、客のほとんどが使用しており、彼女の頭髪水銀値も六〇三ｐｐｍもあった。しかし、そのほとんどが無機水銀であったことからメチル水銀ほどの危険性はないというものの、実際に健康被害が出ていることも確かめられた。

宿に訪ねてきた二十六歳の女性は三年間その石鹸を使った。多少肌は白くなったが斑点状になって、かえって見苦しくなったという。そればかりか太陽光にあたるとピリピリして外出できないという。ほかに動悸《どうき》や頭痛、しびれ感、嗅覚《きゅうかく》障害、神経質(いらいら、不眠)になっており、頭髪からは五二八・八ｐｐｍの水銀が検出された。ただちにその石鹸の使用をやめるように言った。それにしても、いつから白い肌が黒より美しいということになったのだろうか。クレオパトラは白かったのだろうか。

IPCSとフェロー島

大野秀樹教授（杏林大学医学部）から「機会がないと絶対に行かないところだから行ってみよう」と誘われて、国際水銀会議が開かれるフェロー島（デンマーク領）へ行くことにした。地図を見ると北緯六二度あたりでアイスランドの近くにある。

一九九七（平成九）年六月二十一日、わたしたちはそこに着いた。確かにあのような景色は容易に目にすることはできない。険しくそそり立つ数百メートルの断崖絶壁、光る氷河、木は一本もなく、草か苔《こけ》だろうか一面緑色に光っている。白夜で星の見える暗い夜になることはない。

ここに来たかったもう一つの理由は、この島の住民の頭髪水銀値が暫定安全基準の五〇ppm以下だが、一〇ppmを超えて高く、厳密な住民の臨床疫学調査が続けられていることであった。とくに、低濃度汚染の胎児に及ぼす影響を調べているので、どのようなところか行って見たかった。なるほど、このような自然条件であるから鯨《くじら》を常食するわけが分かった。現在、世界中のマグロ、フカ、鯨、イルカなど巨大魚の水銀値が高いから、住民の頭髪水銀値が高いわけである。

WHO（世界保健機関）の化学物質安全計画（IPCS）は一九八九（平成元）年を目処《めど》に、現行のメチル水銀環境保健クライテリアを見直そうとしたことがあった。それは、イラク、ニュージーランド、カナダから報告された研究により妊婦に関しては現在の頭髪水銀値五〇ppm以下の一〇ないし二〇ppmでも胎児に神経精神の発達障害の疑いが指摘されたからである。これに対して、当時の日本の環境庁は密《ひそ》かに一部の学者を集めて、この試みを露骨に阻止しようとした。その内部文書が暴露されたが、そこにはわが国の行政、裁判に与える影響の大きさを恐れる本音は見えたが、国民の健康を護る姿勢は全く見られなかった（原田正純『裁かれるのは誰か』世織書房）。

グランジャン博士らデンマークの研究者らによるフェロー島の七年間の研究では、頭髪水銀値が五〇ppm以下の妊婦からは水俣のような重症な胎児性患者は生まれていないが、五〇ppm以下でも小児に注意の集中力、言語理解、記憶力などの知的機能の発達遅滞がみられており、その最低は一〇ppm前後であったという。

鯨はPCB値も高いことから、水銀だけの影響か疑問視する声もあり、また、否定的な研究もあって確定的ではない。しかし、アメリカやEUでは妊婦に対する安全基準の見直しが検討されており、妊婦は水銀値の高い巨大魚を多食しないように勧告されている。低濃度水銀汚染の影響を否定してきた日本の反応は相変わらず鈍い。

第4章　繰り返される過誤

足尾鉱毒

いきなり目の前にむき出しの岩肌を見てわたしは息を呑んだ。凄まじいということはものの本を読んで知っていたが、このような迫力で目前に迫られると声も出なかった。わたしが初めて足尾に行ったときの感想である。ここに昔、それもわずか百年前まで二十町歩(約二十ヘクタール)の田畑があり、養蚕を営む約四十戸、二百六十七人の暮らしがあったということは、無残に立つ墓石がなければ信じられなかった。

鉱山による環境破壊には必ず二面性がある。すなわち上流における大気汚染(煙害)、乱伐と下流における洪水、土壌汚染である。しかも、銀山といえば銀だけ出るわけではない。同様に銅山といえば銅だけが出るわけでなく、通常、鉱山による環境汚染は複合汚染である。実際に下流の渡良瀬《わたらせ》川沿いの広範囲の土壌から銅だけでなくカドミウム、鉛、クロムなどが高濃度で検出されている。

鉱山周辺では二十三・四平方キロの山林が全くの裸になり表土が流出して岩肌が露出してしまった。さらに激害地は六十八・五平方キロで被害総面積は約四百平方キロに及んだといわれている。それが百年経っても目の前に広がっている光景は、一度壊された自然はもとにもどらないことを物語っている。

案内をしてくれた役場の人に「修学旅行を誘致したらどうですか」「自然破壊がどのような結果になるか良い教材ではないですか」と言ってみたが、この辺りのほとんどの土地が古河鉱山の所有地だから難しいだろうということだった。それでも最近は住民やボランティアによる植樹など緑化運動も盛んになったという。

古河市兵衛が足尾銅山を手に入れたのが一八七七(明治十)年であったからその二十五年後の一九〇二(明治三十五)年には松木村《まつぎむら》は消えた。上流にあった松木村は谷を伝わってくる亜硫酸ガスによってまず蚕や蜜蜂が死に、花のつく野菜が枯れ、ついには木も枯れ、人の健康も蝕まれて、ついに村を捨てて行かざるを得なくなった。日本の近代化は松木村の消滅に始まったと言ってよい。

わたしが足尾に関心を持ったのは、あれだけの激しい自然破壊の中で健康被害はなかったのか興味を持ったからである。

非命の死者

「全国無害の地に比すれば、他国において生まるる者六にして死する者二なるに、憐れむべし、毒気激甚の地に在りては、生者二にして死者六なり。しかも生者二すら、毒を飲み、毒を喰い、やがては毒に死すべき薄幸の人なり」と荒畑寒村《あらはたかんそん》は『谷《や》中村《なかむら》滅亡史』の中に書いている。また、鉱毒歌には「人の体も毒に染み、妊《はら》めるものは流産し、はぐくむ乳は不足為し、二つ三つまで育つるも、毒のさわりに皆たおれ、また悪疫も流行し」とあるという。田中正造《しょうぞう》は被害者を「非命の死者」と呼んだ。

四百平方キロにおよぶ森林破壊と、二千平方キロに及ぶ農作物被害があるからには、住民の健康に影響がなかったということは信じられない。しかし、その報告はきわめて少ないし、あっても健康被害は否定されているものが多い。

現在、アフリカ、アジア、中南米諸国においても環境汚染は進行している。しかし、健康被害は見えにくいのが普通である。伝染病、寄生虫、栄養問題など多くの衛生上の問題があると、環境汚染が健康に及ぼす影響は見えにくいものとなる。アマゾン川沿岸で水銀汚染が進行して、頭髪水銀値は安全基準を超えているが、ここでも最大の健康に対する脅威は、悪性マラリア、エイズ、コレラなどであって水俣病ではない。

インド・ボパールの農薬漏洩事件でも、その後遺症の調査で困難だったのは栄養の問題と感染症の問題であった。すなわち、環境汚染による健康被害(公害病)が見えるようになるには、一般的な衛生のレベルが上がらなくてはならないことを示している。わが国でも公害病が見えるようになったのは、戦後(昭和三十年)のイタイイタイ病からである。したがって、足尾鉱毒事件において健康被害が見えにくいのは寄生虫、結核、栄養の問題と疫学の未熟さと考えていた。

最近、熊本大学の小松裕教授の指摘で当時、膨大な調査研究が行われていたことを知った。膨大な費用を使った疫学調査、健康調査、毒物分析、動物実験などおそらく当時としては最高の調査研究であったと思われる。それなのになぜか健康被害は明らかにされなかった。

それは現実にはありえない純粋銅中毒に問題をすり替えてしまい、複合汚染という現実を無視したからである。しかも、被害原因を洪水にすり替え谷中村を遊水地化推進へと巧妙に誘導した官と専門家の姿も浮かびあがってくる。そうだとすればこの百年、官と一部の専門家のすることは変わっていないことになる。

聞く学ぶ「谷中学」

わたしが足尾鉱毒事件に関心を示したのは健康問題からであったことは述べた。もう一つの理由は百年以上も前の事件でありながら、今なお多くの研究者によって、優れた多数の研究がなされていることに関心があったからである。それは単に「公害の原点としての足尾鉱毒事件」以上の意味を見いだすものであると考えたからである。

一九七三(昭和四十八)年十月、渡良瀬川鉱害シンポジウムが開かれて以来、渡良瀬川研究会が中心となって幅広い研究がなされてきた。渡良瀬川研究会は「第一義的には田中正造および足尾銅山鉱毒事件の根底的な研究を志向するものであるが、同時に、その人民的思想や運動遺産をわれわれの共有財産としつつ、現代生起されているさまざまな諸矛盾を透視し、かつ、それぞれの立場から、その克服へむけて前進すべき課題をも担うべき研究集団である」とその目的を謳《うた》っている。

それは、単に田中正造、足尾鉱毒事件を病跡学的・歴史的に研究するばかりでなく、現代に映し、普及・運動する集団と規定している。そこには今後の水俣病研究の将来に対するヒントがあると考えた。研究会の研究結果、驚くほどの新しい資料や事実の発掘が行われ、日本の近代化の経過や本質が炙《あぶ》り出された。近代から現代につながるあらゆる問題の矛盾や歪《ゆが》みの萌芽がそこにはある。

さらに、わたしが注目したのは、研究会が実にバリアフリー(境界のない)であることである。学閥、学問分野、そして専門家、非専門家の区別なく集い、そしてこれが起点となっていくつかの研究集団が派生していることである。

水俣病事件では企業や行政の責任が問われたのは当然であるが、同時に専門家の責任も問われた。そして研究は誰のために何のためにするのかという根源的な問いかけを与えてくれた。

田中正造は最初、住民の愚かさや狡《ずる》さ、弱さを見て彼らを「導こう」「教えよう」「救おう」と考えたに違いなかった。しかし、一九〇七(明治四十)年、谷中村では強制破壊が行われ、そこに住みついて抵抗住民と生活をともにしていくなかで「聞く」「学ぶ」姿勢に転換していった。それを田中は「谷中学」と呼んだという。そして、弱者のための学問、現場主義(「事実の学文」)を主張し、知識しか与えない教育や知識人に対する批判としての学問を提唱した(小松裕『田中正造の近代』現代企画室)という。

三池炭鉱炭じん爆発

一九六三(昭和三十八)年十一月九日午後三時十二分、三井鉱山三池三川鉱で炭じん爆発がおこった。死者四百五十八人、一酸化炭素(CO)中毒者八百三十九人とその規模は戦後最大であった。この日は横浜で電車の衝突事故があり、ここでも百六十三人が死亡している。この二つの事故は水俣病と同様に日本の経済成長を象徴する事件であった。三池は石炭から石油へのエネルギー転換期の合理化の中でおこり、衝突事故は大量・高速輸送の始まりの悲劇を啓示していた。

会社病院に駆けつけたわたしたちが見たものは狂騒と混迷であった。ある者は歌を歌い、ある者は介助者に反抗し怒り、ある者は泣き、ある者はこんこんと眠っていた。生死の境はまさに紙一重であった。救助の遅れは決定的だった。爆死者はわずか二十人で死者の四百三十八人はガス中毒死であったから、救出は一刻を争った。しかし、午後三時四十分には炭じん爆発を確認しながら最初の救助隊が入坑したのは五時二十八分、爆発から約二時間後で最後の救援隊が入坑したのは七時五十分であった。

三百五十メートル坑道で泥にまみれた一片のメモが見つかっている。「十時半頃眠る」とあった、この鉱夫は七時間以上も救援を待ち、ついに絶命しているのであった。三井鉱山は爆発の後に恐ろしいのは、跡ガス(CO)であるという認識も準備もなかったのである。

最初、会社側の責任者は医療班のわたしたちに「この炭鉱はガスのないところで、このような大事故がおこることは全く予想できなかった」と言い、さらに「COガスは死ぬか生きるかで、症状は一過性のもので後遺症はないのが普通」とも言った。この二つとも真っ赤なウソであることはその後明らかになる。

福岡県警は鉱山保安法違反で検察庁に送検した。しかし三井鉱山は不起訴となる。これだけの事故をおこしながら、責任を問われることがないことが、再発防止につながらないのだ。わたしたち医師は一人の患者の治療で悪戦苦闘しているというのに、このように患者を大量生産してくれる。わたしたちは一体何をしているのだろうと思う。一九九七(平成九)年三月三十日、三井炭鉱は百二十四年の歴史を閉じた。その間に二億八千七百万トンの石炭を出し、わが国の近代化と戦後復興に貢献した。しかし、三十七万二千人の死傷者を出した。このおびただしい血と涙は一体何だったのだろうか。

医学的な過誤

三池炭鉱の炭じん爆発で一酸化炭素(CO)中毒の後遺症がないというのはウソであった。さまざまな精神症状が長期にわたって続いた。しかし、精神症状は外からは見えにくいものであるために、労災の評価が低く、医者も十分に理解してくれなかった。運動まひなどはないから見掛けは頑強に見える。ところが、子どもみたいに性格が変わり怒りっぽく、我慢できなくなり、注意の集中が困難となり、通常の勤務ができなくなってしまった。にもかかわらず怠け者やサボタージュ、あるいは仮病にされてしまった。

自宅を訪問してみると、ゴミを拾い集め家中ゴミだらけにしている者、テレビをぶち壊していた者、畳のあちこちを焼け焦げだらけにしている者、子どもや妻に暴力を振るい家族に逃げられた者など実態は悲惨を極めた。本人も家族も症状を正当に認めてもらえないことが何より辛かったのである。

一九七二(昭和四十七)年十一月十六日、松尾さんら二家族四人が三井鉱山を相手に損害賠償請求の裁判をおこした。のちに原告は四家族八人となる。この裁判は不起訴になった三井の責任を明らかにすることと、家族への慰謝料を請求することが目的であった。労災ではもちろん通常の民事訴訟でも家族の苦しみは補償対象になっていないことに対する問題提起であった。

裁判は膨大な時間とエネルギーが必要である。しかし、裁判によって隠されていたさまざまな事実が明らかになるということで大きな意義がある。最初裁判に反対していた労組もその後提訴した。四家族の訴訟に対してそれをマンモス訴訟と呼んだ。

一九九三(平成五)年三月二十六日、福岡地裁は爆発から三十年、提訴から二十年目にやっと、三井の過失責任を認めた判決を下した。原告の症状をCO被害とも認めたが、いのちの値段はきわめて安いものであったし、妻の被害は認めなかった。

患者の救済、治療に指導的役割を果たすべき三池医療委員会の最終報告書には「現在患者が訴えている症状のすべてを急性一酸化炭素中毒の後遺症であると考えるならば、われわれは医学的、科学的に重大な過誤をおかす可能性があることを指摘しておきたい」と書いている。

最初から三池CO中毒にかかわった三村孝一医師らわたしたちは閉山前に集まって三十三年目の追跡調査を行った。これは恐らく世界でも初めてであろう。そして、今回はMRI(磁気共鳴診断装置)で検査した。その結果、はっきりと脳にCOガスの傷跡(両側淡蒼球《たんそうきゅう》の軟化)が残っていた。精神症状が今回ははっきりと見えたのであるが、仮病呼ばわりした責任は誰も取らない。

二十八年目の訪問

同僚の堀田宣之《のぶゆき》医師は学会などで旅行をすると、いつも温泉に行こうというのだが、羽越本線を北上して行く途中で「中条《なかじょう》という町で降りましょう。誰か知った医師はいませんか」と言った。

堀田医師は土呂久《とろく》（宮崎県）のヒ素中毒と長年にわたってかかわってきた。さらに、世界中のヒ素中毒の現場を訪れ各地のヒ素中毒の比較研究をしてきていた。新潟には水俣病の関係で知った医師もいたのでその紹介で中条のH医師と連絡が取れた。中条の駅に二人で降り立ったのは一九八六（昭和六十一）年七月二十五日のことであった。

H医師の紹介で数人の患者が集まってくれていた。Tさんはわたしたちを見るなり「ヒ素中毒とがんとは関係ないのですか」と聞いた。Tさんの大腿、手掌、足掌に典型的なヒ素中毒の皮膚症状、すなわち色素沈着、白斑、硬化症が見られた。そして肺がんの手術を受けた直後で息が苦しそうであった。また、そこに来てくれたSさんは家族四人が肺がんで亡くなったという。

ヒ素とがんとの関係は国際的にみるとほとんど確定的であった。しかし、土呂久鉱毒事件裁判ではがんとの関係を否定する被告の執拗な反論に遇《あ》っている時でもあった。わたしたちは即座に「関係あります」と言いたかったが、その言葉を二人とも呑み込んでしまった。その代わり、再度訪れることを約束してしまった。

中条は中条氏の居城鳥坂城のあったところで、胎内《たいない》川を中心に米どころの蒲原平野にあって、米沢街道の宿場町として栄えたところであった。

ここの住民は胎内川の水を用水(中津江)として集落に引き込み、早朝に甕《かめ》に汲んでおいて飲料水とし、昼間はその用水で洗い物などして暮らしていた。一晩すると朝にはきれいになって飲料水になった。イタイイタイ病がおこった神通《じんつう》川でも全く同じであったから、日本中のいたるところで見られたごく当たり前の風景だった。ところが戦後五、六年もたつと人口が増え、農薬の使用によってもはや用水は飲料水には適さなくなってきた。そこで住民たちは自宅に井戸を掘り始めたのであった。

この町に百五十年も前に創業した薬工場があった。工場はこの用水で水車を回し、亜ヒ酸と硫黄を混ぜて石黄《せきおう》(三硫化ヒ素)を製造していた。石黄は皮膚病や殺虫剤、顔料、染料として使われていた。薬工場は住民が用水を飲料水として飲んでいることを知っていたから井戸を掘って廃水を地下に吸い込ませていたのであった。ところが今度は住民が井戸を掘ってその水を飲料水にしたために悲劇がおこった。

一九五九(昭和三十四)年九月、十一歳の少年が新潟大学医学部皮膚科でヒ素中毒と診断された。

「井戸水がおかしい」といって母親が持ち込んだ井戸水から二〇ppmのヒ素が検出されて、一時は事件として警察が動いたほどであった。付近の住民から九十三人のヒ素中毒患者が発見されたために、ただちに井戸水飲料禁止措置がとられて自衛隊が給水車を出動させた。この時の疫学・臨床調査はきわめてすぐれたものであった。

まゆつばもの

世界的にヒ素の発がん性は証明されていたけれども、初期のヒ素摂取量、摂取期間や初期症状などが不明なものがほとんどであった。中条のように初期にきちんと臨床・疫学的な調査がなされた例はなくきわめて貴重な例であった。

わたしたちは数回その後も現地へ足を運び、岡山大学の津田敏秀さんは死亡者の死因確定調査など予備調査を行った。そして一九八七（昭和六十二）年八月三十一日、九月一日の二日間、わたしたちは約束どおり再訪問して、四十八人の患者の総合的検診を行った。その結果、ヒ素中毒の症状は今なお持続していること、皮膚症状にかぎらず全身症状がみられていること、初期にヒ素中毒と診断されていなかったものにも現在ヒ素中毒の症状がみられること、がんによる死亡者が明らかに多いことなどを明らかにした。

十五例のがん死亡者と六人のがん患者、六人のボーエン病（皮膚の前がん状態）を確認した。肺がんは期待数〇・四七に対し中条は七、一般のがんも期待数の二倍であった。したがって、早急な住民検診と恒久的な検診（とくにがんに対する）対策の必要性を報告書としてまとめ、一九八七(昭和六十二)年十月十二日に新潟県、中条町に提出した。しかし、前年の訪問時に肺がんとヒ素との関係をわたしたちに訊《たず》ねたTさんはすでに亡くなっていた。

新聞は、「二十八年目よみがえる悪夢」「私も親の二の舞いか」「二十八年の被害……苦しみ今も」「怠慢行政・住民蝕む」などの見出しで大きく扱った。当然、県と町は騒然となった。君《きみ》(健男《たけお》)新潟県知事(故人)は「中条町のイメージにかかわるもので、この種の調査は慎重な検討を重ねてから発表してもらわねば困る」「熊本大学はかつて有明海に水俣病が発生したと間違った発表をした前科がある。早急に調査報告書を調べて事実関係を確認するが、まゆつばな感じがする」と批判した。

県議会ではまゆつば発言の撤回を求める論議がされたが、知事は「ヒ素の経口摂取と肺がんの因果関係には定説がないのに、一日や二日、二、三人で来て調べた結果を発表したのはかなり軽率ではないかという意味」で「結果、訂正すべきものがあれば訂正する」と発言した。

新潟日報が反論を求めてきたので、わたしは反論ではなく患者に呼びかけた文章を投稿した。患者から「十月二十三日、新潟日報に掲載された原田先生の投稿記事は誰にも説得力のある福音でした。この記事を境に事態は冷静化に向かい、その後実施された行政当局の再診察には誰もが想像し得なかった程の多人数が受診し、地域住民の不安解消に大きな貢献を果たしました」という感謝の手紙が届いた。その結果はわたしたちより多くのヒ素中毒患者とがん患者を発見したが、わたしたちには県から何の連絡もなく、知事からの陳謝もなかった。

付　不安乗り越え生きて——原田正純（「新潟日報」昭和六十二年十月二十三日）

北蒲中条町ヒ素中毒事件が二十八年ぶりに再び大問題になった。私たちが県・町に報告する時点でそれは十分に予想されていたことであった。それでも、私たちはそれなりの決意を持って報告した。

私たちが中条町のヒ素中毒とかかわり合ったのは全くの偶然からである。昨年、学会のため羽越本線を北上した。堀田（宣之、熊大医学部）が「中条のヒ素の患者さんはどうなったか聞いてみませんか」というので途中下車したことから始まった。堀田は宮崎県土呂久ヒ素中毒に始まり、東欧、中南米、台湾など世界中のヒ素中毒を調査した実績を持っている。

その時会ったSさんは背中から太もも、手足のひらに典型的ヒ素性皮膚症状がみられた。肺がんの手術後間もない時で「私の病気はヒ素と関係ないのですか？」と私たちは聞かれた。しかし、その答えを聞くことなく、Sさんは今年の七月に亡くなった。

Tさんの家ではすでに四人の家族が肺がんで亡くなっていた。私たちは声をのみ込んだ。

Sさんの疑問に答えるべく調査することを決意した。それから一年、九州から中条、新潟へと足を運んだ。

調査の結論は三点に要約される。第一に、ヒ素中毒患者にがんの発生率が高いこと。第二に中毒症状は固定・治癒しておらず、遅発型の進行と全身症状化している例があること。第三に、当時無症状とされた住民に症状が確認された例があったことである。この結論は、世界中の蓄積された報告例からすると新しい発見でなく、すでに常識化されつつある事実である。

当時の新潟大学の調査は疫学・臨床ともに完ぺきに近いものであった。もし、それがなかったら、今回の調査はできなかった。その意味で長期追跡調査例として世界的にも貴重な例となる。今後の調査でさらに詳細にその全容が明らかにされるであろうが、先に指摘した三つの点の事実は動かない。

私たちがあえてこれらの事実を公表したのは、患者に不安と絶望感を与えるためではない。一つは、がんは早期発見によってのみ治る。それ以外の手だては少ない。知らずに手遅れにならないように事実を知ってもらいたかったことである。二つ目は長期経過したヒ素中毒の症状の治癒は困難であるとしても、皮膚症状だけがヒ素中毒でないから、全身性の続発症の治療や予防は十分に可能であり、そのことが重要であることを知ってもらいたかった。

今から、系統的かつ総合的な健康管理とケアーを行い継続的に健康に注意していけば長生きできる。

患者は事実と受け止め、不安を乗り越えてもらいたい。これらの事実を知った上で今後の人生を健康に留意しながら勇気を持って生きてもらいたいと願う。

行政に今、必要なことは、結論をあいまいにしたり隠すことではない。この患者たちが検診や治療を受け易いように条件をつくり援助することである。きめの細かい継続的ながん検診、系統的・総合的治療および医療サービスの確保、経済的援助などが考えられる。

さらに、患者たちが負い目を感じず(彼らに何の責任もない)胸を張って堂々と自らの健康を守る闘いに取り組めるよう地域全体を配慮することが重要で、決して孤立させてはいけない。行政側(知事)の「町のイメージ……」うんぬんの発言はよくない。まさか、町のイメージのためには隠しておけということで、「公表は慎重に」ということは事実を知らせるな、ということではあるまい。

日本の公害の各地でみられた同じパターンを繰り返してはならない。

黒い赤ちゃん

一九六八(昭和四十三)年の夏、北九州を中心に広く西日本一円で、黒いぶつぶつが顔面はじめ全身にできる奇病が流行《はや》った。原因はカネミ倉庫(北九州市)が製造した食用の米ぬか油(ライスオイル)の脱臭工程で、大量のPCB(ポリ塩化ビフェニール)が混入したことであった。

その正確な患者数は不明であるが、当時、保健所などに申告した患者は一万四千人以上といわれている。しかし、そのうち公式に油症と認められて何らかの援助を受けた者は千八百五十七人(『環境百科』駿河台出版)でしかない。食品公害であったために、当時救済のための法律もなく、当初、統一した検査法も基準もなかった。保健所のレベルで選別されたものも多い。

初め皮膚症状が激越であったために皮膚症状が注目され、他の症状が軽視されたが、今日まで悪性を含む各種腫瘍、自律神経症状、糖尿病や月経困難症などホルモン異常、肝臓障害、造血障害など全身症状が持続しており、「病気のデパート」のようである。

初期には単純にPCB中毒とされたが、さらに毒性の強いPCDF（ポリ塩化ジベンゾフラン）、ダイオキシン、コプラナーPCBなどが含まれていたことが明らかになっている。したがって、「カネミPCB中毒」「PCB胎児症」ではなく「カネミ油症」「胎児性油症」で有機塩素系化学物質による複合中毒と理解した方が現実的である。

油症が発見されて間もなく油症の妊婦から、皮膚がコーラ色して低体重の「黒い赤ちゃん」が生まれるということが報告された。わたしは、これはまた人類が初めて経験した胎児中毒であり、胎児性水俣病との関係からぜひ調査しておきたいと思った。

調査してみると黒い赤ちゃんは長崎・五島列島の玉之浦町に集団的に発生していたことがわかった。皮肉なことに玉之浦はおよそ公害や汚染と無縁な風光明媚《めいび》で魚のうまい所であった。店が一軒しかなかったために、町中が油症に罹《かか》ってしまった。そして結婚や就職に大変な差別を受けた。

調査によると母親が摂取するのをやめても四年後ぐらいまで胎児性油症の子が生まれている。ということは体外への排泄がきわめて悪く、妊娠したとき胎児と一緒に排出していたことになる。玉之浦になぜ胎児性が多発したのか、それはここの母親たちは敬虔《けいけん》なクリスチャンだった。黒い赤ちゃんが生まれることを知って産んだ姿は神々しくさえあったのだった。よそでは中絶したものが多かった。

再び地獄が……

長崎県玉之浦町を二十年ぶりに訪れたが、相変わらず自然が美しかった。懐かしい小さな教会の塔もそのままであった。変わったことといえば海岸線の道路が埋め立てによって広げられたくらいである。あの時、油症で苦しんでいた人々はどうなったのかという関心と、長いことご無沙汰したという痛みとが複雑に交錯した。公民館で何人かに話を聞くことができた。

ダイオキシンなど有機塩素系化合物の人体に対する影響が問題になるなかで、油症は世界的に注目されるようになった。しかし、今、世界中で問題になっているのは微量汚染であって、今、必要な情報はかつての急性期の重症油症患者のデータではなく、むしろその家族の当時軽症(未認定)だとされた患者のそれである。

人類が初めて経験した新しい病気だから参考になる症例も教科書もない。まして、胎児性油症など以前は世界になかった。したがって認定患者はもちろん、食べた家族、その子、軽症者や無症状といわれた人も含めてきちんと追跡調査をすべきであった。もしそのような臨床疫学的な追跡がされていたら世界中に貴重な情報を提供できたのだから、これはわたしを含めて医学者の怠慢である。

残存してはいるが皮膚症状は確かに軽快し、血中の有機塩素系化合物の濃度も減少している。しかし、この三十三年の経過をみると、まさに「病気のデパート」である。病院では自律神経失調症、更年期障害、糖尿病、肝臓障害、胆のう炎、胆石、アレルギー、低血圧、多血症、白血球増加、不整脈、ぜんそく、日光過敏症、子宮筋腫、子宮内膜症、胃腸ポリープ、リウマチ、インポテンツ、心気症、ノイローゼ等々と診断されている。就職や結婚を諦めた人もいる。そして肝臓がんの死亡者が多い。

患者たちはカネミ倉庫、北九州市、鐘淵化学工業、国を相手に裁判をおこした。それは一九八七(昭和六十二)年に和解し、裁判を取り下げた。ところが国は「訴えが取り下げられた以上、仮払いの根拠がなくなった」として一九九六(平成八)年に仮払金二十七億円の返済を患者たちに要求してきた。死亡者の場合は相続人に督促状を送りつけてきた。それを苦に自殺者さえでた。地獄が再現された。病を得た上にこの国の行政の冷酷さに泣かされている。

原爆小頭症

広島市の後輩の精神科医師から原爆小頭症のことを聞かされたのは精神科の地方会のときであった。胎児性水俣病の経験から胎児傷害に関心を持ち始めたわたしは、感染症などによる胎児傷害は別として、人類史上、胎児の人為的傷害の第一号は原爆であるということを知った。わたしは広島へ出かけた。その患者の女性は市郊外の精神病院に入院していた。

彼女は一九四六(昭和二十一)年二月四日に生まれた。体重は約千七百グラム。歯肉出血、紫斑《しはん》(皮下出血)が見られた。母親は一九四五年八月六日、広島で、爆心地から九百十メートルのところで被爆した。背負った子どもは死亡し、母親は幸いいのちは取り留めたが全身脱毛、紅斑《こうはん》、浮腫《ふしゅ》、悪心《おしん》、嘔吐が見られた。父親は爆死した。

その後、精神・身体の発育が遅れた。四歳で何とか歩けるようになり、五歳で二、三の言葉が言えるようになった。八歳時になって全身痙攣発作が見られるようになり、回数は次第に増していった。二年遅れで学校にやってみたが全く学習できなく辞めた。発作が激しくなるにつれ、不機嫌で怒りっぽく、乱暴になっていった。その一方で人を嫌い、自閉的となった。

二十歳になったとき、痙攣発作が三日間続き、精神病院に入院した。入院してからも発作は続いた。発作のないときはうずくまり終日無為、無言、自閉的だが、何かさせようとすると拒絶し、怒り、反抗した。また、時には他の患者と喧嘩をし、暴力を振るい、看護者に噛み付いたり、窓ガラスを割ったり、着物を引き裂き全裸になったりした。

面会に行ったが部屋の隅に逃げて身を縮めて、険しい警戒の目つきでじーっと睨《にら》みつけてこちらの話に応えない。人間を嫌い、人間を警戒するあの目つきは全人類に対するものかもしれないと思った。それなのに、多くの国民はその存在すら忘れてしまったのではないだろうか。

原爆によって胎児が影響を受けたことに最初に気付いたのは一九五二(昭和二十七)年、アメリカのプルマーという医者だった。彼によると爆心地から千二百メートル以内で被爆した妊婦から生まれた子ども十一人のうち七人が小頭症であったという。長崎でも同じことが一九五四(昭和二十九)年に確認されている。のちに小頭症でなくとも障害があることから正式には「近距離早期胎内被爆症候群」と命名された。

胎児性水俣病とは原因は異なるが、現代科学技術の進歩が生んだ負の結果であることは同じである。

乙女塚の集い

水俣湾と恋路島《こいじしま》が見渡せる丘の上に「乙女塚」はある。一人芝居の俳優砂田明《すなだあきら》さん（故人）が植物や動物たちの生に対して「感謝と愛憐」をもちえぬ限り人間には明日はないという信念から、一九八〇（昭和五十五）年に水俣病で死んだ患者や胎児、魚や鳥やネコなど生類一切の魂を祭ったのがそれである。毎年旧暦の八月一日に乙女塚祭りが行われている。祭りには各地からさまざまな人々が訪れるのであるが、いつだったか原爆小頭症の少女が訪れた。

不知火《しらぬい》海沿岸には多数の母親の胎内でメチル水銀汚染にさらされた子どもたちがいた。中にはこの世についに生を得ずしていった子どももいた。同様に広島、長崎の原爆投下の時、母親の胎内で被爆した子どもも死に、あるいは障害を背負って生まれた。

小春さん（仮名）は一九四六（昭和二十一）年二月四日に生まれた。一九四五（昭和二十）年八月六日、妊娠三カ月の母親は広島で爆心地からわずか九百十メートル地点で被爆した。奇跡的に一命を取り留めたが、背負っていた二歳の男の子は爆死した。背負った子どもを盾に助かったと母は悲しんだ。頭髪は全部抜けてしまい、吐血、血便に苦しんだ。

小春さんは体重千七百グラムで正常に生まれたが、その後の発育が遅れた。四歳でやっと歩けるようになったが流涎《りゅうえん》、失禁、言葉は不明瞭で二、三の単語しか言えなかったために未就学であった。その後も自宅に閉じこもって家から出ようとしない。終日週刊誌やグラビア雑誌を眺めたり、折ったり、伸ばしたりして過ごしている。人を怖れ、人が来ると怯え逃げ出してしまう。一時入院させたこともあったが拒食して抵抗するために連れ帰った（原田正純『胎児からのメッセージ』実教出版）。その彼女が水俣まで父親と一緒とはいえやって来たことに驚いた。

小春さんと、胎児性水俣病の坂本しのぶさんや胎児性患者の親たちとこの夜、乙女塚で過ごした。どのようなこころの交流があったのだろうか。わたしはこの夜、言い表せぬ感慨に興奮していた。原爆も、メチル水銀による公害も人類が初めて経験した。この塚に集った彼女たちは母の胎内でその被害を受けたのである。地球上で他に類を見ない被害者たちがこの乙女塚に集ったのだ。いずれも、科学の世紀と言われた二十世紀最大の被害者であり、人類にとって大きな負の遺産を背負わされた大切な子たちであった。

水の有り難さ

埃《ほこり》がもうもうと立ち込めるタンザニアの鉱山で、迂闊《うかつ》にもじん肺を心配して「水を撒《ま》くように」と忠告した。ところが、その水がとても貴重だと知って恥じた。さようにわたしたちは水の有り難さ、貴重さを忘れている。世界を歩いて見て、美味しく安全に生水をぐいぐい飲める国は意外と少ない。

シルクロードでは蒸発を防ぐために古代から地下水道を掘っていたし、西ベンガル、モンゴルや中国・新疆《しんきょう》ウイグル自治区のウルムチでは百メートル以上の深い井戸を掘って水をくみ上げているし、ヨーロッパでは水飲み場を中心に街が発達し、中南米では砂漠の中の川に沿って街が広がっているところなどを見ると、人類は有史以来、水獲得・保全の歴史であったとも言える。

アフリカでは砂漠化が目に見えて進行しているが、それは彼らが決して怠けているのではない。水田のように連作ができないから、次々と焼き畑を移動していくしかない。日本のような人口をもち狭い国土で、もし水田での稲作の連作ができなかったら、たちまち飢えてしまっただろう。まさにいのちの水である。それればかりでなく、最近ではダム効果や安らぎの風景としても、水田が見直されてきている。

わたしが住む熊本市は周辺も含め九十万人近い人口が、その飲み水をすべて地下水にたよっている。農業用水、工業用水も含めて年間約三億立方メートルもくみ上げている。その豊富さのため、熊本市民は〝ぜいたく〟に水を使っている。

たとえば、熊本市民一人当たりの一日の水使用量は福岡市民の一・五倍である。シリコンランドといわれたIC産業の集積も、この豊かな地下水があってこそ可能であった。この豊かな美味《うま》い地下水は広大な阿蘇地方の豊富な雨水が、約三十万年前から噴火を繰り返して堆積した火山灰、砂礫《されき》層を浸透し大きな地下水脈となって、熊本平野に湧き出してきたものである。

その豊富な熊本の地下水にも、使用量の増加と都市化によるかん養域（雨水が浸透する土地）の減少で、かげりが出てきた。さらに水田の減少、ビニールハウスの増加が拍車をかけている。そのうえ質的にも硝酸性窒素、有機溶剤、農薬などによる汚染が問題になった。熊本市はかん養域の確保や地下水保全条例などに取り組み、いくつもの市民団体が水を守る運動を活発に進めている。それでも、わたしが世界で見て来た水不足の深刻さからすれば、まだまだ恵まれている。

ボパールの悲劇

史上最悪の事故は一九八四(昭和五十九)年十二月二日夜におこった。インド中部、デリーの南六百キロに位置するボパール市で、ユニオン・カーバイド・インディア社(アメリカ)の農薬工場から有毒ガスが漏れて二千人が死亡し、五万人が中毒になった。死亡者はその後も増え続けたという。

工場には五つの安全装置があったというが、その夜はすべてが作動しなかった。五つの安全装置が同時に作動しない確率は全くあり得ないほど低かったのに現実にはおこった。かつて原子力発電に関してラスムッセン博士は「原発事故は隕石落下の確率ほどである」と計算したが、実際にはスリーマイルやチェルノブイリで大事故がおこっている。安全性に完璧はない。

わたしたちが飛行機を乗り継ぎ灼熱のボパールに着いたのは、ガス漏れ事故から半年後と七年後の二度だった。以前、わたしにとってインドの印象はきわめて悪かった。しかし、ここでは貧しいが人々は人懐こく親切であった。スラムを訪ねて行くと電気も水道もないのに冷たい貴重な水を出してもてなし、調査に応じてくれた。

わたしたちがあえて現地を訪れたのは原爆症の調査にならって、毒ガスで被災した妊婦から生まれた子どもへの影響を調べるためであった。わたしたちの調査結果では、ガス漏出時に生き残った妊婦の三二%が流産・死産、その後の妊娠でも二四・六%が流産・死産であった。先天異常などは見られなかった。インド医学研究班は流産、死産、新生児死亡が多く、先天異常や染色体異常も見られたと報告している。つまり、この場合胎児は胎内での生存が困難であったことを示している。

ガスはメチルイソシアネート(MIC)といい、カーバメイト系農薬の中間産物であった。先進国はこの中間産物をすぐ反応させて保存することを禁止していた。それがなぜか、ここでは大量に保管されていた。一晩で二千人も殺すような化学物質をわたしたちは農薬などと呼んでいいのだろうか、毒ガスではないだろうか。

MICは空気より重かったのでスラムで地面に敷物を敷いて寝ていた人を直撃した。次いで一階のベッドに寝ていた人がやられた。二階にいた人は階下に降りなければ助かった。丘の上の高級住宅では朝まで事件を知らなかったという。工場のまわりになぜスラムができたのか。それは工場の周辺に街灯があり、工場からは廃水が豊富に流れ出ているからだという。

両親をなくした孤児たちが保育所(?)に溢れていた。恐怖に呆然とした瞳が痛々しかった。工場の前に亡くなった子を抱いて天を仰いで嘆き悲しむ母子像があった。そこには「No Bhopal, No Hiroshima, We want to live」と書かれていた。

韓国のイタイイタイ病

一九八六(昭和六十一)年春、韓国・温山《オンサン》の海岸で呆然と立ち竦《すく》んだ。排水は赤黒い色をして海へ流れ、稲や木々が立ち枯れしており、小学校は閉鎖されていた。この海岸線は蔚山《ウルサン》海苔やワカメの産地としてわが国でも有名なところであった。その海もタンカーや鉱石運搬船が行き交い、クレーンが立ち並んでいた。

ここでイタイイタイ病が発生したというのだ。一九七八(昭和五十三)年十一月に高麗亜鉛の稼働に始まり、百二十を超す企業がひしめき合う、韓国最大級の非鉄金属工業を主とした工業団地が成立した。ここには金属精錬以外に石油化学、石油精製、肥料、染料、パルプなど多種多様な企業が進出してきた。

それなりに企業も公害防止対策をとってきたのであろうが、このような工業団地は技術的にもどうしても汚染を完全に防止できないし、事故がおこる。あまりにも急ぎすぎて対策が追いついていけなかったのであろうか、一九七九(昭和五十四)年には漁業被害がおこった。一九八二(昭和五十七)年には有毒ガスが漏れて住民百五人が入院し、一九八四(昭和五十九)年には学童九人が校庭で倒れるという事件がおこっている。一九八五(昭和六十)年一月に韓国日報が温山地区にイタイイタイ病が発生していると報じて大騒ぎになった。

韓国の環境運動連合(NGO)の前身の環境問題研究所から、講演を兼ねて調査に来てくれという要請があった。わたしはそんなに大騒ぎになっているとは知らず現地を訪れた。結論から言って、イタイイタイ病(カドミウム中毒)ではなかった。確かに関節、筋肉、神経の痛みが全身にみられたが、そればかりでなくしびれ感、脱力、視力障害、呼吸障害など全身症状がみられていた。

もともと複合汚染であるし、大気、水、土壌、食物などからくる多重汚染であるから単純な中毒ではないはずである。強いて診断するなら「温山病」とでもするしかない。イタイイタイといっているのは住民ばかりではない、海も山も木も言っているように見えた。

水俣病は主として有機水銀中毒であり、加害企業は一社である。イタイイタイ病も主としてカドミウムであり企業も一社であった。四日市公害は加害企業は複数であったが原因は硫黄酸化物と粒子状物質であった。これからの公害はそのように単純ではなく、「見えにくい公害」となる。

調査中に警察に連行されそうになって調査は中止した。工場の写真を撮ったのでスパイ容疑というのだ。幸い逮捕は免れた。民主化後、再び訪れてみたが三万の住民は故郷を棄てて移住していた。わたしはそこに立って谷中村を想った。公共のため、国の経済発展のためといって一部の地区や少数の人々が犠牲になる構造は共通している。

水俣とアジアを結ぶ

「日本はアジアにおいて、水俣のチッソにならないでください」とフィリピンから来た青年は立ち上がって言った。一九八六(昭和六十一)年五月、「アジア民衆環境会議」の席での出来事だった。この会議は水俣病のことをアジアの多くの人に知ってもらおうと水俣市で「アジアと水俣を結ぶ会」(浜元二徳会長)が全くの手弁当で開いた。彼の言葉にわたしたちは衝撃を受けた。会長の浜元さんは水俣病患者で車椅子で、両親は激症の水俣病で亡くなっていた。その浜元さんが、最も大きくうなずいた。

最初、チッソが水俣に進出したときは経済的効果で市民や時の為政者から歓迎された。そのうち次第に巨大化していくと経済的に地域を支配するようになってしまう。そうなると関係は搾取に近いものになって、地域のための経済というより企業のための経済となってしまう。さらにチッソ社員が町長になり、市になると工場長が市長になり、市議会も関係者で占められて、政治的にも市を支配してしまう。そうなると目は中央に向けられ、地元は軽視されていく。そして文化的にも、こころさえも支配されていく。

「チッソあっての水俣」「チッソの敵は水俣の敵」という神話が成立していく。かつて「公害の前兆は自然界の異変である」と言われたが、わたしは各地の公害現場を見て来て「地域の伝統的生活様式や文化が外力で(住民の内発的な力でなく)急激に崩壊するとき、それが公害の前兆である」と考えている。反公害と自然を護るということと伝統的な文化や生活様式を護るということは別次元のものではない。

公害型の企業が途上国に進出し、そこで公害を撒き散らしたり、先進国では禁止された技術や物(たとえば農薬)を持ち込んで公害をおこしたり、途上国に金を払って産業廃棄物を引き取ってもらうといった、露骨な〝公害輸出〟は将来はなくなっていくであろう。

むしろ、あたかもその国の利益のように見える企業活動が、時には公害輸出になっていることがある。たとえば、日本の政府開発援助(ODA)は一九九一(平成三)年度以来世界一である。一九九九(平成十一)年度までの総額九百四十五億九千百万ドル(約十一兆八千二百四十億円)という。

もちろん、その中にはその国に大きく貢献しているものもある。しかし、現地の実情を無視したダムなど、大型公共事業が自然や農漁業の破壊につながっていないか、点検する必要がある。また、わが国の輸入は一九九九年度で三十五兆二千六百八十億円、うち鉱物性燃料が五兆二百十三億円、食料品が四兆四千三百九億円である。これらの膨大な消費が社会構造の変化、伝統文化や自然の破壊をもたらしていないかこれも点検する必要がある。日本がアジアのチッソにならないためにも。

ブキメラの放射線事件

タイ国境を越えてマレー半島を南下すると、整然と植えられた広大なゴム園と椰子園《やし》が続く。植民地時代のものと思われるヨーロッパ風の建造物が時々見え隠れする。この辺りもロンピプン（タイ）のようなスズ鉱が有名で、ヒ素による地下水汚染の可能性があった。

鉱山というのは原則複合汚染である。スズを採掘するとき産出するのがモナザイト、ゼノタイムという鉱石である。それには希土類《きどるい》金属が含まれており、近年注目を集めている。それは原子力産業やハイテク産業に必要で、わたしたちの日常生活に欠かせない希少金属であるからである。

マレーシア北西部ペラ州のパパン市近くのブキメラ村で、日本企業が出資しているアジア・レアアース（ARE）社が本格的にモナザイト、ゼノタイムから希土類金属を抽出・精錬し始めたのは一九七三（昭和四十八）年からであった。これらの産品はすべて日本に輸出されていた。ところが厄介なことに、モナザイトには重量比約七％の放射性物質トリウム232が含まれており、さらに厄介なことはトリウム232の半減期は百四十億年、すなわち、放射能が永久に減らない物質であった。パンドラの箱の喩《たとえ》のように、人類は厄介なものをわざわざ地底深くから取り出して、大量使用するようになった。

トリウム232はこの場合は鉱滓《こうさい》(廃棄物)になる。これの管理が杜撰《ずさん》であったために、周辺に放射能汚染をおこしてしまった。住民の中に白血病が発生したということで、激しい反対運動と裁判がおこった。裁判は一審では住民側が勝訴したが、高裁では逆転した。しかし、事実上廃業に追い込まれた。そこで、胎児性患者が生まれたと言われて、半信半疑のわたしが現地を訪れたのは一九八六(昭和六十一)年十一月であった。

クワンさんの息子レオ君は一九八三(昭和五十八)年四月七日生まれである。クワンさんは妊娠から六カ月間放射線職場(ARE)で働いていた。当然、放射線を浴びていたことになる。生まれたレオ君は先天性白内障で視力がなく、小頭症のため知的発達障害がみられた。さあ、この原因が放射線であるかといきなりいわれても、一体世界中のどこに同様な例と経験があるのだろうか。ない。ではそのような実験をした報告があるのだろうか。ない。ただ放射線による先天性白内障はすでに知られている。また、広島、長崎で被爆した妊婦から生まれた子どもに知的障害、小頭症がおこっていた事実は知っているのだが……。

枯葉作戦

メコン川は全長四千五百キロ、流域八十一万平方キロというアジア最大の川である。ベトナムのデルタ地帯に入ると無数の支流に分かれるのでクーロン(九竜)川と呼んでいる。大河が雨期には流れを変えて、のた打ち回り、あたかもそれは頭が幾つもある巨大なおろち(大蛇)のようであったからであろう。

日本の八岐大蛇《やまたのおろち》伝説もそのような川から来たという。時には人命が奪われることがある。しかし、水が引けば上流から豊かな土壌が流れてきており、豊かな収穫が約束された。人々は自然を畏《おそ》れ敬い、その恵みを享受してきた。まして自然の洪水は胎児や子孫を傷つけることはなかった。

ジャングルの厚い緑に視野を阻まれた米軍はその緑の殲滅《せんめつ》を計画・実行した。すなわち、一九六一(昭和三十六)年から十年間にわたって南ベトナム、主としてメコン川流域に大量の枯葉剤を撒いた。その量は約七千二百万リットル、有効成分は五万五千トンともいわれている。撒かれた主なものは2・4・5・T、2・4・Dという有機塩素系の化学物質であるが、それにダイオキシンが大量に混入していた。米軍は枯葉剤散布後、ナパーム弾でジャングルを焼き払っていったから、ごみ焼却場のダイオキシン汚染が問題になっていることで分かるようにさらに、ダイオキシンを生成した可能性がある。

一九七〇(昭和四十五)年頃には枯葉剤が流産や子どもに先天性異常をおこすといわれていた。わたしは胎児性の水俣病やカネミ油症の調査経験からこの問題は人類にとって重要だと考えた。なんとか調査できないかと、わたしなりに動いたが、残念ながら地方大学の一助教授では実現する力がなかった。

結果的に米軍の悪行を暴くことになるかもしれないので国費を出してくれるわけもなかった。そのうちカンボジア侵攻事件などがおこり調査はますます困難となった。これほどの人体実験の結果を明らかにできなかったのは世界中の研究者の怠慢である。もし、十分な調査をしてその影響を明らかにしていれば、今日世界中で問題になっているダイオキシン汚染の影響の一部は明らかになっていたはずである。

ベトナム訪問と調査を可能にしたのは、実は胎児性水俣病の患者と母親たちであった。一九八七(昭和六十二)年、テレビで結合体双生児の「ベトちゃん、ドクちゃん」を見た胎児性水俣病の坂本しのぶさんやお母さんたちがベトナムに救急車を贈るため、カンパを始めたことからベトナムの枯葉剤影響調査の話がすすんだのであった。

ツーズー病院

水俣からベトナムへ救急車を贈ることが実現できた陰には、ピースボートの辻元清美さん(衆院議員)、フォトジャーナリストの大石芳野さんの協力が大きかった。その贈呈の訪問が契機となって政府間では不可能な枯葉剤影響調査の協力体制ができ、トヨタ財団が資金援助をしてくれた。

わたしたちの調査団は熊本大学、岡山大学、阪南中央病院、京都大学などの医師と愛媛大学農学部、さらに看護婦、学生、教師、主婦など多くのボランティアが加わった。交通費は原則自己負担、残ったお金は現地の医療機関に寄付するということを参加者みんなが同意してくれた。

ホーチミン市のツーズー病院で最初の調査を行った。ここはベトナム最大の産科病院で年間一万七千人のお産を扱っていた。院長のフォン先生は女性で英語、フランス語、ロシア語を自由に話す優れた医師で、結合体双生児のベトちゃん、ドクちゃんの主治医としても有名であった。

まず、ツーズー病院のデータの分析と患者の一部の聞き取りから始めた。その結果、枯葉剤が撒かれるとまず流産・死産が増えた。散布が終わるとそれはやや減少していったが、散布以前より高率で移行していた、先天異常、胞状奇胎、がんは散布と同時に緩やかに増加し、なお、増加していることが分かった。

ベト・ドクちゃんの分離手術の可能性について相談を受けた。わたしは分離手術には反対であった。どちらかのいのちがなくなると思った。ベトナムの外科医の技術は戦争で鍛えられたとはいえ、驚くべきもので一九九〇(平成二)年に見事成功した。この例は世界的に有名だが、分離の成功例はわたしが診ただけでほかにも三組あって、不成功例や死産は確認されただけで二十四組、同じホーチミン市の第一小児病院でも六組確認できた。

ツーズー病院は特殊であるので、カンボジア国境近くの平均的な村ドンタップ省ドクビンキョー村を調査することにした。検診対象合計の平均一〇・八％、学童の六・九％に先天異常が確認された。しかも軽症なものが多く、重症者はすでに死亡していた。また、外見の先天性異常だけをとりあげ、内臓の異常は含まないので実際にはもっと高率に出現していたと考えられる。

余談だが、ベトコンゲリラを匿《かくま》っていたというので、同じベトナム人の政府軍兵士が村人を拷問にかけて一晩中悲鳴をあげさせ、ゲリラをおびき出そうとした証言などを聞き、村人に刻みつけられた戦争の傷痕の深さにも触れることができた。

クイ・クイさん

ベトナムでわたしたちの通訳をしてくれたのはクイ・クイさんという退役軍人であった。「わたしは、フランス、日本、アメリカ、中国、カンボジアと、五つの国と戦ってきました」が口癖であった。そのクイ・クイさんがぜひ行こうと言ったのが、旧ホーチミンルートのアロイ県の少数民族パコウ族の村であった。

パコウ族は一九六〇(昭和三十五)年に蜂起して、一九六六(昭和四十一)年には自らを解放した勇敢な部族であった。そのために絨毯《じゅうたん》爆撃を受け、逃げ込んだ森林に枯葉剤を撒かれ、さらにナパーム弾で焼かれた。解放直後、クイ・クイさんが訪れたときに、出てきた子どもたちがさまざまな先天性異常をもっていて驚いたというのだ。確かに、枯葉剤の影響を最も受けたのは川の水を飲み、山から自然の恵みを採って食べる少数民族であった。

お尻の皮が剝《む》けるほどの悪路を一日車で走ってパコウ族の村に着いた。ホーチミンルートは禿山《はげやま》で、ここが以前鬱蒼とした森林だったと信じられるまでには時間がかかった。

ここで先天性異常をもつ数人の子どもを確認したが、悲惨なことに大部分はすでに死んでしまっていた。

とにかく、尋常ではない事態が生まれくる子どもたちに現在もなお、おこっていることは紛れもない事実であった。一方、二百万人の頭上から大量の枯葉剤を撒くという、人類が未だかつて経験したこともない事がおこったのも事実である。この二つの異常事態の間の因果関係を証明するには、時間が経ち過ぎていた。

ツーズー病院に保存されていた無脳症児や結合体双生児に記載されていた住所や生年月日、両親の名などが判読不能になっていた。激戦地では以前の住民が死に絶え、現在の住民は戦後の移住者だったり、散布が激しかった地区でも多雨で枯葉剤は流され、直接撒かれなかった所でも上流から流れてきて濃厚な汚染が証明されたりして、疫学調査に必要な対照群が厳密に特定できなかった。このため十分納得できるデータは得られなかった。調査団としてはこれらの異常事態は枯葉剤の影響と考えたが、このような場合、最も悪意をもってする反論に、どこまで証拠で答えきれるかが重要である。

ツーズー病院の医師たちはエコーやCTを欲しがった。それを早期発見に使うという。その結果は分かっている。そのことが良いことなのかわたしたちは悩んだ。水俣や玉之浦(長崎)のカネミ油症のお母さんたちのことを思い浮かべた。お腹の中の子どもが先天性異常児と分かって手術室に運ばれるベトナムの若い母親の涙をわたしは見てしまった。

水俣病で学んだことは障害者を否定することでも、胎児を抹殺することでもなかったはずだが、実際には厳しい現実がある。

韓国の枯葉剤被害

源進《オンジン》レーヨンの二硫化炭素中毒事件の調査で韓国を訪れていた時、陸軍病院から面会の申し込みがあった。何かと訝《いぶか》しがりながら軍の病院に行った。そこには院長以下病院の幹部がそろっていた。「枯葉剤の後遺症についてお聞きしたい」と言う。それで思い当たったことがある。それは二硫化炭素中毒のことで来たわたしの紹介記事のなかに水俣病や枯葉剤影響調査をしていると書かれていたからである。

その会見が終わって宿へ帰ると今度は枯葉剤被害戦友会が面会を求めてきた。一九九三(平成五)年三月のことで、その時、韓国で枯葉剤問題が大きくなっていることを知った。

ベトナム戦争に韓国からは三十二万の兵士が参戦したという。青竜部隊、猛虎師団などはそこで勇名をはせた。ということはベトナム側から言えば仇敵ということになる。しかし、この兵たちには何の罪があろうか。約五千人が戦死して一万六千人が直接負傷した。無事であった者も今、なお後遺症に苦しんでいる。

アメリカの元兵士約二十三万人が枯葉剤を製造して儲かったダウ・ケミカル、モンサント、ダイアモンド・サムロックなど七社を相手に訴えていた裁判が一九八四年に和解した。この時、韓国は蚊帳《かや》の外にあったという。一九八七年になって、たまたまオーストラリアに住む元韓国兵士がオーストラリア、ニュージーランド、アメリカの三カ国の兵士に対してだけに和解補償金が支払われることに対して、異議を申し立てたことから韓国でも枯葉剤被害問題が表面化した。

わたしのアドバイスは一応、アメリカの基準を参考にして緊急的な救済を行い、医学的な研究は共同して行ったらというものであった。当時アメリカでは十の疾患が後遺症と指定され、十の疾患がその疑いと指定されていた。内容はホジキン、非ホジキンリンパ腺がん、塩素性痤瘡《ざそう》(にきび)、末梢神経炎、肺・喉頭・気管がん、バガー病(壊疽《えそ》)などであった。一九九九年末で四万四千人の検診が終わり七・四%が後遺症と認められ、五一・七%が疑いとされた。これには患者たちは満足していない。

何人かの患者を診たが、皮膚症状がひどい者、末梢神経障害が強い者、がんなどが多くみられた。しかし、人類が初めて経験したものであるから最初から何が後遺症か分からないのである。とくに、被害者は二世の影響についても主張するが確たる証拠はないのが現状である。しかし、医学的に不明を無策の理由にしてはならない。また、既存の事実だけで判断しては事実を誤る。

わたしたちは韓国のこの問題に直接取り組んでいるキム・ジョン・スン教授を一九九三年十一月のハノイで行われた第二回枯葉剤影響に関する国際会議に出席できるようにベトナムの枯葉剤国家委員会カウ教授にお願いして、それは実現した。韓国とベトナムのわだかまりがこれで少しでも解消すればと願った。

地下水のヒ素汚染

アジアの主たる国々の主たる産業は農業である。土からいのちが芽生え、そのいのちを頂いて生きものは生きる。土はいのちのみなもとという思いからくるのであろうか、わたしなど畑や水田などを見ると心が安らぐ。農業は土と水から成り立つ。

今後のアジアの環境汚染問題で最大のものは深刻なヒ素による地下水汚染と考えられる。ヒ素中毒は古典的といわれる古い中毒であって、人類とは長い付き合いの歴史がある。ナポレオンのヒ素による毒殺説など話題にもこと欠かない。

わたしがヒ素中毒と出合ったのは一九七一(昭和四十六)年十一月、土呂久(宮崎県)鉱毒病の発見者、斉藤正健教諭が世間(教研集会)に発表する前に「誰か専門家の意見を聞きたい」と問題を持ち込んできたときだった。その頃、わたしは第一次水俣病裁判の真っ最中で、ヒ素中毒までは手が回らなかった。幸い、わたしと同じ研究所の堀田宣之医師が取り組んでくれた。堀田さんと一緒にわたしたちも何回も土呂久を訪れ検診をした。

その後、堀田さんは土呂久裁判の証人として長い裁判を闘い抜く。そして、ヒ素中毒は皮膚に角質化、白斑、黒斑(色素沈着)などが見られるほか、しびれ、脱力、筋萎縮、呼吸器や肝臓、心臓・血管の障害など全身に症状がでること、基本的には複合汚染であり発がん性があることなどを立証した。

悲惨なのはヒ素壊疽で、血管がやられるためにおこる。激痛が走り切断せざるを得ない。台湾南部では両手、両足を切断した患者が多く出ている。ここでは最初、烏脚病《うきやく》(黒足病)と呼んで風土病と考えられていた。地下水汚染によるもので患者は一万三千人ともいわれている。

中国では内蒙古、新疆ウイグル両自治区でも、同様の地下水汚染による大規模ヒ素中毒がおこっている。患者の数は正確にはつかめないが、数千人単位とみられる。最も気になるのは、後になって出る肺がんや皮膚がんである。

世界最大のヒ素汚染地区は西ベンガルである、インド、バングラデシュ両国で汚染者は二千万人ともいわれている。一体どれくらいの患者がいるのか想像もできない。これらのヒ素汚染は自然のもので企業や産業活動によるものではない。しかし、上流で伐採、ダムなどによって河川の水が涸れ、人口が増加したために灌漑用水を地下水に求めた。それも枯渇したために百メートル以上の深い井戸を機械で掘り、大量にくみ上げたためにおこった。その点ではやはり近代化による公害と考えるべきであろう。

太平洋戦争とヒ素中毒

バンコクから夜汽車に乗って、朝方、タイ南部のナコン・シ・タマラートという駅に降り立った。数年前からヒ素中毒がおこっているから、日本から誰か来てくれないかという要請があった。ちょうど、バンコクであった第三回アジア産業衛生学会に出席したので、学会の後、行ってみることにした。偶然にもその日は一九九一(平成三)年十二月八日。五十年前に日本軍が太平洋戦争に突入した日であった。

五十年前のこの日、ナコン・シ・タマラートに突然、日本軍が上陸した。驚いたタイ軍は応戦したが、三十九人の戦死者を出した。日本軍はただちにマレー半島へ南下して行った。目的はマレー半島のイギリス軍だが、国際法を無視して抵抗の弱い第三国に上陸するという暴挙であった。

それで毎年、戦死者をしのぶ祭りが開かれている。通りには横断幕が張られ、夜は当時を再現する野外劇が上演されていた。日本兵の服装をした役者が横暴ぶりを演じていた。アジア各地でなお、五十年前の戦争の記憶が消えていないことを実感した。

四年前にマハラード病院のタンナバイ医師がヒ素中毒患者を発見した。同じ家族の三十歳の女性と十八歳の男性が同じ症状だったので、彼らの井戸水を分析したところ二・四五ｐｐｍのヒ素が検出された。ナコン・シ・タマラートから西へ数十キロの人口一万四千人のロンピプン村が現地であった。この辺りから南のマレーシアにかけては鉱物資源が豊かなところである。とくにスズの産地として有名である。

ここのヒ素汚染の原因はスズ鉱山にあった。訪ねて行ってみたが、いずれも零細な鉱山であった。百年も前から掘られていたが、この二十年がとくに生産が増えたという。スズ鉱石に含まれるヒ素が投棄されたために、長い間に地下水を汚染したらしい。

見せてもらったデータによると井戸水から最高四・四七ｐｐｍのヒ素が検出され、約半数の井戸が基準値を超えているという。千四百人が正式に患者と診断されたが、潜在的患者は二倍はいるだろう、とタンナバイ医師は語ってくれた。スズの最大輸入国は日本である。

各家庭には大きな甕が置いてあった。井戸水が使えなくなったために、雨水を溜めて使うように政府が配ったものだ。ヒ素中毒は初期には主として皮膚症状で、痛みや苦しさを伴わないので、住民には深刻さはなかった。しかし、十年、二十年後のがんが怖いのである。

西ベンガルの悲劇

インドのカルカッタ市内を流れている川はフーグリ川という。北でガンジス川から分岐しているが、複雑な水路と湿地からなり、いわゆるガンジスデルタ地帯を形成している。ここはインドの西ベンガルとバングラデシュの国境地帯で、穀倉地帯であると同時に、地球温暖化では水没するとされている低地である。

最近の人口急増は嫌でも食料の増産を強いられた。二毛作、三毛作となったが、雨季の三カ月を除くと灌漑用水を地下水に頼らざるを得ないのである。その一方で雨が降りすぎると洪水となり多数の人命が失われる。上流の保水力が低下したからであろう。しかし、洪水は上流から豊かな養分を運んでくれるという有効な面も忘れてはならない。したがって、治水を目的にダムを造ろうという短絡的な発想は、先進国・工業国の発想である。

農業用水以外でも八〇％は地下水に頼っているという。このため地下水のくみ上げがついに限界に達し、さらに深い井戸を掘り始めた。機械化によって百メートル以上もの深い井戸掘りが可能となった。そして大量に水をくみ上げたために、土壌中に含まれていたヒ素が溶出してきたのであった。

ヒ素汚染が発見されたのは一九七八(昭和五十三)年で、患者が確認されたのが二十年近く前の一九八三(昭和五十八)年九月であった。インド側だけで汚染面積は七千五百平方キロといわれるが、実際はもっと広いと考えられている。バングラデシュ側の汚染はさらに広い。

一九九六(平成八)年、堀田宣之医師らと現地調査に入った。すでに土呂久(宮崎県)、中条(新潟県)、タイ、中国などでヒ素中毒患者を診ていたものの、ここの患者の症状の重篤さと数の多さは他と比べるべくもなかった。次々と訪れる患者たちは日が暮れても後を絶たなかった。電気もないので夜は診察にならないというのにである。中には腹水が溜まって、息も絶え絶えの女性や生後間もない乳児の患者に、わたしたちはため息をつくばかりであった。

川原一之さんは元新聞記者である。彼は土呂久の取材をしているうちに記者を辞めて、患者支援のために土呂久に住み着いてしまった。裁判が終わった後、「アジア砒《ひ》素《そ》ネットワーク」を設立し、今はアジアのヒ素汚染地区住民の救済運動に取り組んでいる。現在、バングラデシュのダッカで住民とともに脱ヒ素装置建設に汗を流している。こういう人がいる限り人類はまだ希望がある。

第5章　希望の世紀めざして

薬害エイズ判決

安部英《あべたけし》・元帝京大学副学長に対する薬害エイズ訴訟の判決が二〇〇一（平成十三）年三月二十八日、関西水俣病控訴審判決が同年四月二十七日、ハンセン病判決が同年五月十一日と相次いだ。この三つの裁判には忌まわしいほどの共通点がある。それは医学が絡んでいることと、専門家と行政の責任が問われている点である。

エイズ判決では「最先端の学問知識に接し、専門性が高かった世界の研究者の当時の見解に照らしても、ＨＩＶ抗体検査陽性の意味は不明な点が多かった」として予見可能性を否定。「非加熱製剤の危険性を認識していたが、高い確率で多くの患者をエイズに感染させることを予見できたとはいえない」として、被害の大きさや重大さについても予見できなかったとして、被告の安部氏を無罪とした。

最高の技術を誇ったチッソが「水俣病がおこることは知らなかった」と主張し、当時の厚生省は「すべての魚が有毒化したという証拠がない」として無策を通した。これに対し熊本地裁は「結果の具体的なことを知らなくとも、安全性が確認されない限り危険と考えるべきだ」という安全性の考え方を判決で示した。また、「おこってみなければ分からないではないか」というチッソの主張は、人体実験に似た思想であることも水俣病の歴史で学んだ。これらの教訓を、エイズ判決は否定したことにはならないだろうか。

安部氏は権威者として、医療界における血友病の治療指針を決定する権限を持っていたばかりでなく、エイズ対策を行政に勧告できる最高の専門家集団の責任者であって、その専門性においても責任においても一般の専門家ではなかった。一般的な専門家が認識していなかったことと決して同列ではない。しかも、行政の専門家会議や審議会、諮問会の委員になったということは単なる自由な研究者ではなく、行政官としての責任があったのである。

もし、「知らなかった」とすればそのこと自体が怠慢であり、無責任である。積極的に安全性を確認する高度な注意義務が専門家には伴うのである。そうでなければ、何のための専門委員かということになる。判決は専門家の責任を過小評価している。また、一方、専門家たちは、その決定が実際にどのような影響を持つかにあまりに無関心のように思える。その結果に対して、専門家は責任を取らなくてはならない。責任を取りきれなければ引き受けるべきではない。

官僚の「専門家の意見だから」という口実(隠れ蓑)を与えていて、結果責任は問われない。これは医学領域に限ったことではない。無責任な経済見通しやアセスなどにも見られる。専門家の責任はもっと厳しく問われてこそ真の専門家である。

ハンセン病判決

学生時代、授業でハンセン病は特効薬ができて治癒するし、伝染性も低いと教わった。ところが、菊池《きくち》恵楓園《けいふうえん》(熊本県合志市)を訪れたとき、看護婦(師)が宇宙服のように目だけ出すような完全武装をしていた。その異様なギャップに驚いたが、それ以上は追求しなかった。一九五八(昭和三十三)年のことである。

一九九六(平成八)年、ほぼ一世紀ぶりに患者の隔離を主な目的とした「らい予防法」が廃止された。その後、患者たちは一九九八(平成十)年七月に人権を侵害されてきたとして「ハンセン病国家賠償訴訟」をおこした。その判決が二〇〇一(平成十三)年五月十一日、熊本地裁で下りた。

判決は「遅くとも昭和三十五(一九六〇)年以降においては、ハンセン病患者についての隔離の必要性が失われていたので、違憲であって国に責任がある」とした上で、違憲性が明らかであるにもかかわらず、四十年以降も改廃しなかった国会にも責任があるとした。考えてみると、基本的人権を無視した残酷な法律であった。このような法律を一九九六年まで存続を許してきた専門家(医学者)の責任もまた、わたしも含めて大きい。

人権侵害が行われているとき何もしないということは、加害に加担することになることを知るべきであった。しかも、一般市民ならその責任は軽いが、専門的知識をもつ専門家(医学者)は、その責任は大きいと言わざるを得ない。ハンセン病国賠訴訟では国は控訴をあきらめ、陳謝した。遅すぎたとはいえ、水俣病の関西訴訟で国が最高裁に上告した後だけに、久しぶりの温かいニュースとして国民に受け止められた。

その二つの対応の違いを環境省は、ハンセン病と水俣病の違いを強調して弁明している。確かに、両者は発生メカニズムや歴史、立法措置など同じではない。しかし、そこには行政の不作為という点で共通なものがある。環境省が気にしているのは水俣病では「行政には責任がない」という前提で強引に幕引き(和解)したために、「行政に責任がある」とした大阪高裁の判決を認めることは和解の不当性を認めることになるからである。

しかし、仕出し弁当で食中毒になったというのに、原因が弁当の中の唐揚げか卵焼きか分からないと言って売り続けているのを、何の対策もせず見過ごしたようなことが水俣病である。責任を認めず、粘れば粘るほど国民の行政に対する不信を増大させるだけという皮肉な結果になる。

平成のギロチン

諫早《いさはや》湾の干拓事業を天下に知らしめたのは、一九九七(平成九)年四月十四日に二百九十三枚の鉄板が次々と落下する、あのすさまじい光景であった。あの瞬間、テレビの前で人々は悲鳴をあげた。〝平成のギロチン〟と呼ばれた鉄板が人々のこころを切り裂いた。関係者の無神経さは反対派はもちろん、無関心とみられた市民のこころまでも痛めつけたのである。

閉め切られる瞬間は無数の生きもののいのちがまさに絶たれる瞬間であった。「あー！　ムツゴロウもシオマネキもオオシャミセンガイも死んでしまう」という悲鳴に似た庶民の声はお偉方には聞こえなかっただろう。小さないのちに対する痛みなど建設優先で忘れてしまったのであろう。

ここには三百種類もの生物がすんでいるという稀《まれ》な、残り少ない聖地であった。諫早湾の干《ひ》潟《がた》を守る運動を長年続けてきた故山下弘文さんは平成のギロチンを見て「これで状況が変わる」と直感的に感じたという。

ところが、テレビに映し出されたお偉方は一斉に並んで、むしろ誇らしげに得意げにボタンを押しているように見えた。実際はボタンは一つで他は空ボタンだといい、誰が押したか分からないようにしている。銃殺では誰が直接の執行者か分からないように、何人かが一列に並ぶが、実弾は一発で残りは空砲というのに似ている。ボタンは押すがその結果責任はとらないという、それは日本の公共事業を忌まわしいまでに象徴したものであった。

干潟は海と川と陸の三者が入り混ざるところで、文字通り〃いのち〃の発生の地である。ルポライターの永尾俊彦氏は、干潟は野鳥と海の生物と人間が三つ巴《どもえ》で豊かな〃いのちの鎖〃の要を果たしている場所である、としている。さらに、昔から脈々と受け継がれてきた伝統的生活、文化の場が干潟であった、とも、子宮のように新しいいのちをはぐくむ場所であり、こころ癒される場でもある、ともいう。また、「干潟にいって、目を閉じて耳を澄ますと、ホント母親の胎内に戻ったようなやすらぎを覚えるとよ」と語る婦人の言葉を紹介している(『干潟の民主主義』現代書館)。

干潟の干拓やダムなどに多くの市民が反対しているのは、わたしたちが戦後ただ一途《いちず》に経済発展を志向して、自然を破壊してきたことによって、日本人の伝統的生活、文化を急激に破壊し、結果的に〃こころ〃や〃いのち〃を粗末にしてきたことへの反省からである。新しい二十一世紀はその痛みを共有することから始まる。〃こころ〃や〃いのち〟を大切にしないと必ずわたしたち自身や子や孫に跳ね返ってくることを知るべきである。

土より生まれ土に帰る

地球上の生物は土によって育まれ、土に帰る。海と同様にいのちの源《みなもと》である。その土がいま危なくなっている。土壌汚染は大気汚染や海・湖・川の汚染と比較すれば見え難いものである。しかし、土壌汚染は地下水汚染と同義語と考えてよい。すなわち、土壌が何らかの汚染物質に汚染されれば浸透していき地下水までも汚染する。地下水まで浸透、蓄積、拡散されるには時間がかかる。そのために、表面化・顕在化するのが遅れるのであるが、気がついた時にはすでに、広範囲に拡散しており、膨大な費用が必要となるばかりでなく、浄化・復元はほとんど不可能に近い。

日本は大量の重金属、化学物質を消費しているがこれらは大量の廃棄物を生み出し、それが深刻な土壌汚染をおこしている。たとえば、イタイイタイ病やカドミウム腎症をおこすカドミウムの消費量は世界一であり、その九割は充電できる便利なニッケル・カドミウム電池で、その回収率はわずか二割という。また、若者たちに爆発的に用いられている携帯電話、パソコンなどにはさまざまな重金属が含まれており、なかでも鉛、ヒ素、ベリリウム、インジウムなど毒性や催奇性、発がん性の強いものも含まれている（畑明郎『土壌・地下水汚染』有斐閣）。

二〇〇三（平成十五）年二月から「土壌汚染対策法」が施行される。大気と水に関する汚染防止法は三十年前にできたのに土壌に関しては遅れに遅れた。最近、工場跡地の土壌汚染が問題になったために法律の制定が必要になったのであろうが、この対策法には地下水への視点がない。しかも基準値が諸外国に比べれば甘いと指摘されている。土壌はいのちを育むから汚染は農作物に移行する。農作物の基準から逆算して土壌汚染を規制しているのはイタイイタイ病の経験からカドミウムについての基準がある。しかし、諸外国は食物の基準が〇・二ｐｐｍであるのに対して日本では一・〇から〇・四ｐｐｍである。そして、諸外国が基準値を強化しようとしているのに対してわが国は（水銀の場合と同様に）引き延ばしを画策している。そんなことをしていると将来、膨大なツケを払わされることになる。

熊本は日本一地下水の豊富なところである。直径約二四×一八キロメートルのカルデラをもつ阿蘇は三十数万年前から噴火を繰り返し、多量の噴出物を堆積させて周辺に浸透しやすく、貯水しやすい広大な地層を形成した。そこへ平均年間約三千ミリ以上の雨が降るのであるから、極めて良質で豊富な地下水盆ができているのである。熊本市近郊に湧水池が多いのもそのためである。人口およそ八十四万人が地下水に依存している。

年間一億五千万立方メートル、一日約四十万立方メートルが取水されているという。しかし、その豊富な美味しい水も最近は危険信号が点《とも》っている。取水量の増加、涵養域の減少などによって地下水が減少し、硝酸性窒素、有機塩素系溶剤などが検出されて問題になっている。

基地汚染

最近になって市街地の土壌汚染が問題になってきている。豊中市、大阪市此花《このはな》区などマンション建設予定地で土壌汚染が発見されているが、汚染源はさまざまであるが圧倒的に元工場の跡地で発見されたものが多い。八王子の農薬工場跡の水銀汚染などが有名である。

日本で最初に問題になった東京都下のクロム汚染事件(一九七五年)で分かるように埋立地や投棄地では当然、土壌汚染があるが、科学研究所、大学医学部や病院の跡地の場合もある。なかでも一九七六(昭和五十一)年に筑波に移転する際に発覚した国立試験研究所の跡地の土壌汚染事件が有名である。汚染物質もヒ素、水銀、シアン、クロム、PCB、ダイオキシン、鉛、トリクロロエチレンなど多種多様である。工場や研究所・大学の敷地内は人の目にふれにくく、一種の治外法権みたいなもので、以前は随分勝手で、乱暴なことをしたに違いないのである。土壌の直接汚染もさることながら、そこで心配されるのは地下水汚染である。高度経済成長時代のツケが今になってまわってきたと言っていいだろう。今後も次々と土壌汚染が発見されることが予想される。二〇〇三(平成十五)年施行される「土壌汚染対策法」がどれくらい効果を発揮できるか注目される。

その意味ではさらに治外法権なのは軍事基地内である。それこそ一般の目どころか官憲にも手の届かないところである。基地はそもそも非常であるから、そこでは非常なことが日常的に行われていると考えた方がよさそうである。

二〇〇〇(平成十二)年九月にフィリピンの旧米軍基地のクラーク、スービック両基地の汚染問題で訴訟がおこった。基地周辺の住民が基地の汚染によって神経障害、腎臓障害、白血病、がん、そして流産・死産、先天異常が多発しているとしてアメリカの空軍、海軍、国防省とフィリピン政府を相手に一千二十億ドルの損害賠償請求と基地跡の浄化を求める訴訟をおこした。しかし、一九四七年のアメリカとの地位協定には何の規定もなく、二〇〇一年七月クラーク基地に関しては請求が棄却されスービック基地でも近いうち棄却されるだろうと言われている。いわゆる門前払いである。

検出された汚染物質だけでもヒ素、水銀、鉛、有機スズ、ベリリウム、アスベスト、各種農薬、ＰＣＢ、ベンゼン、トルエン、トリクロロエチレン、ジクロロメタンなどという。軍事基地はさまざまな危険物を扱うから当然複合汚染の典型であろう。こうなると何が原因で、どのような症状がでるのか全く見当もつかない。水俣病は主としてメチル水銀が原因であり、イタイイタイ病は主としてカドミウムであり汚染源は一社であったことを考えるなら、このような場合の因果関係の証明は従来の公害よりはるかに困難であることが予想される。

これは決して他処《よそ》ごとではない。沖縄には今なお、広大な軍事基地があり、国内には横田基地や自衛隊の基地もある。

科学の世紀

二十世紀は科学の世紀と言われた。確かに抗生物質の発見によって人類はある種の伝染病から解放され、短時間に数百キロを移動し、リアルタイムで地球の裏側の映像を見ることができるし、宇宙へさえも飛び出し月面にも到達した。さらに臓器移植、クローン動物を可能とし、ゲノムを解読していのちの構造の解明にまで迫っている。

先進国では物が溢れ便利な生活を多くの人が享受している。しかし、その一方で二十世紀には二度の世界大戦を経験した。少なくとも戦争において科学技術はより効果的に大量殺戮を可能とした。その究極は広島、長崎の原爆であった。さらに放射線で言えば、第五福竜丸事件にみられるような水爆実験による汚染、スリーマイルやチェルノブイリ、東海村臨界事故など原発による汚染が、いのちをかつてない脅威にさらした。

また、水俣、インド・ボパールやセベソでおこったような化学工場の新しい技術による大規模事故が、未来のいのちをも傷つけた。便利さをただただ追い求めた結果、自然界に全く存在しない化学物質を大量に開発してしまった。

わたしたちは何万種という人造的な化学物質で囲まれ、子宮も確実に汚染されている。これらの化学物質は数百万年の生物の歴史で、かつて遭遇したことのない全くの未知の物質であるから、生物のDNAはその処理の記憶がないばかりか、胎児性水俣病、カネミ油症、ダイオキシン問題、サリドマイド児に見られるように、胎盤血液関門さえ通過してしまった。さらに、環境ホルモン(内分泌攪乱物質)の問題は影響が遅発性であることや安全基準が決め難いこともあってさらに厄介である。

ギリシア神話にある、地上に降りた最初の女パンドラの持つ箱には人間のあらゆる不幸と悩みが詰まっていたという。二十世紀に人類はどうやらパンドラの箱を開けてしまったのではないかと思われる。

環境に関する多くの研究が進められる一方で、さらに新しい技術や物質の開発も進められている。もちろん科学のもつ「利の遺産」も大きいが、同時に「負の遺産」も想定し、対策を立てるのが専門家であるはずだが、「利」だけが過剰に評価されてきた。最近になって安全対策、安全性確認を言う学者が多くなったが、「もうやめようよ」と言う学者はまだ少ない。もうこれ以上何をどうしようというのだろうか。ただただ突き進む開拓者の時代はもう終わったと思う。パンドラの箱の底には唯一「希望」だけが残っていたというのだが……。

鳥の目、虫の目

世界の環境汚染の現場を多少歩き回ってみると、環境問題に関して将来に期待が持てる明るい材料はほとんどない。ややもすれば暗い気持ちで帰ってくることが多い。一体、地球はどうなるのだろうか、それよりわたしたちの子孫はどうなるだろうかと。

二〇〇二(平成十四)年の地球白書は「現在、鳥類の一二%にあたる約千二百種、ほ乳類の二五%にあたる千百三十種が森林破壊などの環境の変化によって絶滅の危機に瀕している。安全な飲み水が得られない人は十一億人、年間二百二十万人が汚水による感染症で死亡している。三十年後には世界の五〇%以上の人が、西アジア、中東では九割以上の人が深刻な水不足になり、地表の七〇%が乱開発のために土壌の劣化などの影響を受け、石油や石炭の消費によって二酸化炭素の大気濃度は産業革命以前の二倍になる」と環境に関して悪い予測を報告している。

地球規模の環境問題、グローバリゼーションが問題になって、環境という冠を被った学者が輩出しているが(わたしもその一人)、現場に根ざした研究がどれくらいあるだろうか。

農学生命科学の井上真《まこと》教授（東京大学）は「環境問題をグローバルな視点から〝鳥の目〟で眺望するのが重要な作業であることは間違いない」としながら「それはあたかもアメリカ軍の空爆の映像を、テレビを通じて空から眺めるようなものである。そこには、環境問題の現場で苦しみながら生きようとする人々の顔は見えてこない。（略）環境研究を机上の空論としないためには、もっと〝虫の目〟に基づく議論を発展させることが必要であると思う」と書いている（石弘之編『環境学の技法』東京大学出版会）。グローバル化とは現場の問題ときちんと取り組むことにほかならない。

現在、世界は富める者と貧しい者との格差が広がり、先進国と途上国の格差は気が遠くなるほど開いている。この格差に根源をもつ環境問題の解決は科学技術ではなく人類の思想（哲学）であると思う。

希望をもてない現実、絶望的と思えるような現場に行ってみると、今は少数ではあるが、文字通りいのちを賭けて問題に取り組んでいる人たちが必ずいる。このような人たちがいる限り、人類は最悪の事態は避けられるのではないか。それはあの水俣の絶望的な中から、わずかな人間が立ち上がることによって、状況が大きく変わった経験を持つからである。水俣の教訓を学ぶことで将来への希望を繋ぎたい。

付記　本書は平成14年4月1日から同6月29日まで中日新聞、東京新聞、西日本新聞に連載したものに手を加えたものである。出版に際しては東京新聞出版局の神谷紀一郎氏、寺本峯祥氏、中日新聞文化部の小島一彦氏、同出版開発局の坂井稔美氏にお世話になった。

解　説

花田昌宣

はじめに

「「水俣学」への軌跡」という副題が付せられたこの本を手に取る読者は、水俣病についての書物であることは分かっても、水俣学という聞き慣れない言葉に戸惑っておられるかもしれない。著者の原田正純氏は、有名な医学者であり岩波新書『水俣病』以来数多くの著書があるので改めての紹介は不要かもしれない。水俣病患者に寄り添い続けた医師であり、患者の暮らしと闘いのそばに常にいた方である。

この本はもともと新聞連載であり、一篇が三枚弱の小文のつみかさねである。一つ一つが珠玉のような文章で、全体として一つの読み物となっている。そこで伝えたいことははっきりしている。自分自身の足跡をことばで表現し、水俣病をはじめ国内外における公害の経験を記し、読者に現代社会と向き合うことを要請している。この本では水俣病患者たちの暮らしと闘い、そこに連なる人々を語り、国の政策への批判、アジア、アフリカなど海外の公害を紹介している。原田氏は自分が見たこと・経験したことしか書かない。しかも長年の研究や調査と経験の高みに立って教訓を発しようなどという姿勢ではなく、自らが現地に立って苦悩し、得たものを伝えようというのだ。それらが「水俣学」と命名された学問の全体像を具体的に示すものであった。

水俣病との出会い

原田正純氏は一九三四年九月一四日生まれ。小学校五年生で敗戦を迎える。戦後鹿児島県宮之城町(現・さつま町)で過ごし、折しも設立されたばかりの鹿児島ラ・サール高校の一期生として卒業し、一九五三年熊本大学医学部に入学。学生時代は演劇部を創設、また剣道部で活躍した。

医学部卒業後、東京の病院でインターン研修をしている時にNHKのドキュメンタリー・シリーズ「日本の素顔　奇病のかげに」という番組を偶然見て、水俣病のことを知ったという。一年間のインターンを終えて熊本大学に戻り、神経精神医学を志して大学院に入学。指導教授は初期の水俣病解明に取り組んでいた宮川九平太教授。急逝した宮川教授の後に一九六一年に着任した立津政順《たてつせいじゅん》教授のもとで水俣病の問題に本格的に取り組み始めた。

最初の研究のテーマは胎児性水俣病であり、患者たちを丹念に診《み》て、それまで小児まひと言われ原因不明であった先天性の身体障害や精神遅滞が、胎児の時期に子宮内で水銀曝露を受けた胎児性水俣病であることを証明した。この水俣病の研究成果が一九六二年の胎児性水俣病の公的な発見につながった。成果は学位論文として発表され、一九六五年に日本精神神経学会賞を受賞するなど高い評価を受けた。この論文は医学の門外漢が見ても面白い。医学論文にしては異例に長く、取り上げられた個々の症例の報告がじつに詳細で、子どもたちの病気だけでなく息づかいまで聞こえるような臨床例なのだ。胎児性水俣病の研究はその後、原田氏のライフワークとなる。

一九六九年一月、第二の水俣病となった新潟の水俣病患者らが水俣を訪れた。その中には新潟でただひとりといわれた胎児性水俣病患者とその家族がいた。原田氏も水俣で出迎えた患者たちの中にいた。同年、新潟ではすでに裁判が起こされており、水俣でも訴訟を起こそうという話になったときには、訴訟を理論と証拠面から支える水俣病研究会に参加し医学面から支えた。その後、熊本大学医学部第二次研究班での調査研究をはじめ、現地調査を重ね、晩年まで水俣に通い続けた。ただ調査研究ばかりではなく、ことあるごとに水俣を訪れ患者たちの相談にのり、体調が悪くなったという連絡があれば飛んでいき、つねに患者のそばにいた。最晩年に執筆した論文もまた胎児性水俣病についてであった。

原田氏は、水俣病の専門家といわれているが、本人の認識としては精神科の医師であり、毎週外来診療をしていた。また、本書にも取り上げられているように国内外の公害問題に取り組んでいた。

「水俣学」の構想

原田氏は、一九九九年、熊本大学を早期退職して熊本学園大学に赴任した。そのときの構想が水俣学の構築であった。自分自身がやって来たことをまとめて次につなげていく基《もと》いを築こうということであったと思う。この水俣学の出発点は「人類にとってはじめての経験、負の遺産としての公害、水俣病を将来に活《い》かす」ということであった。これだけ見れば、ただの美しい標語であるかもしれないが、その内実は、水俣病患者そして公害被害者の前に常に立ちはだかる専門家といわれる人たちの虚妄と責任を問うことであり、それを「専門の壁を越える」、「専門家と素人の壁を越える」、「現地に学び、現地に返す」、「国境の壁を越える」と表現された。その一つ一つが原田氏の生き方を示すものであった。

専門の壁を越えるとは、公害水俣病において、知識と診断を独占する医学への批判であった。水俣病の研究では、医学者ばかりが登場し、被害者の補償と救済においても、医学の専門家と称する人たちが医学の名の下に行政の側に立つ。患者の声を聞こうとしないそうした医学者たちへの批判が根底にある。また、医学だけではなく社会科学や人文科学の様々な分野が協同する研究ができないものかと模索しようということであった。

そのときの姿勢を示す表現が、専門家と素人の壁を越えるということだ。病気の専門家は医者ではなく患者であること、工場の専門家は労働者であること、地域をよく知っているのは地域の住民であること、そのことをわかって、そうした人々とともに学ぶことの重要性を指摘している。本書に登場する杉本栄子さんの例（本書「薬はわが家の庭に」、五六ページ〜）で示されている。

さらに、患者に学ぶ、住民に学ぶだけではなく、その成果を地元に返していくことが大切だと力説されていた。水俣には調査研究に来る研究者たちが少なくない。話を聞き、インタビューを行い、ときにはアンケート調査等をするが、その成果が学術論文として報告されることはあっても地元に還元されることはまれであった。地元への還元とは調査結果の説明会をすればいいというものではなかった。調査研究の成果は、もっぱら行政側に利用され、患者たちの役に立つような研究がまれであることへの批判的な問いかけでもある。

いいかえると、「何のために研究」をするのか、という原田氏自身の問いでもあった。研究は中立・客観的でなければならず、科学が人類の役に立つということであれば、その条件とは何かを問わなければならないのである。しばしば、原田氏は患者の側にたちすぎる、と批判めいた言葉を浴びていた。原田氏の研究は「患者側の利益にたつというバイアス」がかかっていると訴訟の場で行政が主張することもあった。

医者が患者の側にたつのは当たり前のこと、と切り返していたが、弱いものの立場に立って、いのちを大切にするという姿勢からいえば、おのずと何のために研究するのかは答えが出るであろうし、現地に成果を還元していくということの意味も明らかになるであろう。念のために言っておけば、原田氏の診察や研究は、あらぬ批判をうけることのないように、学術的方法に則ったものであって、「ためにする」ものであったことはない。原田氏は、水俣病ではないと自ら診断した人を水俣病だといったことはない。むしろ逆に、明らかに水俣病の患者である人を、認定審査や訴訟の場面で水俣病ではないという専門家たちに怒りを覚えていた。

国境の壁を越えるという主張も、たんに国際交流をしよう、国際共同調査をしようということに留まるものではなかった。たしかに日本の水俣病公害の経験が世界に伝えられていれば起きずにすんだ公害もあったであろう。ただしもっと具体的な課題が原田氏の目の前にあった。七〇年代の初期にヨーロッパやカナダ先住民の間で有機水銀中毒が起きていた時、それぞれの国で、当時の日本の水俣病の認定基準をあてはめ「水俣病ではない」とされている現実（本書「病像のモデル」、七九ページ〜）を直視しての言説である。また、国境の壁を越えるという表現は、水銀ばかりではなく、ヒ素、ダイオキシン、枯葉剤をはじめ様々な重金属による環境汚染と人体被害の現場に赴いて知った、水俣病の経験が何ら活かされていないことへの警告でもある。研究者だけではなく被害を受けやすい住民たちに伝わらないといけないということなのである。そこから、水俣病の歴史と経験が持つ普遍性と個別性の再認識が生まれ、また外国の事象から学び日本に活かすという考えにつながるのだ。これらのことを総合して原田氏は「水俣学」と表現した。

見てしまった者の責任

原田氏の事績をたどっていくと、水俣現地を訪れたのは一九六一年の夏だったと考えられる。それまでは、水俣病の研究をしていた宮川教室で実験動物の世話をしていた。宿直当番をこっそり抜け出して町に出かけて呑んで帰って来た時、動物飼育小屋が野犬に襲われ、飼育していた実験動物が殺されていて、ベソをかいたという失敗談をよくしていた。この時宮川教授は叱ることなく、敵討ちをしようといって動物小屋の周りに薬を仕掛けたとか。

立津政順教授の赴任とともに水俣病の臨床的な研究をすることとなり、水俣を訪れたのが水俣病との出会いであった。その最初の経験では、東京の豊かさと水俣の悲劇と貧しさの落差に愕然とし、また「治らない病気を前にして医者に何ができるか、何をすべきか」という患者からの深い問いかけに直面することとなった。氏の医学の原点の一つになったという。医師と患者の関係は単に「治してあげる」、「治してください」でしかないのかと自問する。現地を訪れ、何かできると思っていた時に、無力である自分を突きつけられ、逃げずにつきあうことを選択する。そこで原田氏がよく語る「見てしまった者の責任」を選び取るのである。よそから来た観察者ですという姿勢をとらないのだ。

この点で、水俣学の主張する「現地主義」とは、社会学や地理学あるいは人類学が行うフィールド調査とはいささかおもむきが異なる。現地主義に立つということは、じつは現地に内在する様々な問題に向き合い、火の粉を浴びることもいとわないということを意味する。というのも、水俣病とはすぐれて人間の問題であり、いのちの問題であるからだ。「人間の問題を研究しようとすれば、相手が実験動物ではないのだから、煩《わずら》わしい社会問題や政治問題に巻き込まれるのは、覚悟しなければならない」(本書「「水俣学」の扉――まえがきに代えて」)と書く。

その社会問題や政治化した問題への関わり方もまた明瞭である。それは、弱いものの立場に立つことである。科学の中立性や医学の中立性などとよく言われるが、「中立」ということの意味をよく考えなければならない。先に書いたように原田氏にとっては、医師が患者の立場にたつのは当然のことであり、力の強い権力と力のない弱い立場の患者がある場合、弱者の立場に立つのが公平であり、医学の中立性を保つことになる。このようにして原田氏は歩みを進めていたのである。

現場を歩き、現場に学ぶ

ところで原田氏は医学部卒業後、熊本大学医学部助手になった一九六四年から熊本学園大学を七五歳で退職する二〇一〇年まで四六年間を大学の中で過ごしたことになる。人生の大半を大学に籍を置きアカデミズムの中に生きたはずなのに、本書ではそのことをほとんど感じさせない。

熊本大学において、水俣病についての授業をすることはなかったとはいえ、医局長など学内の業務は担っていたし、学会の役員もしていた。また、一時期、熊本県水俣病認定審査会の委員も引き受けていた。しかも、学術論文や研究報告も実に多数あるのだが、大学所属の研究者であるとは感じさせなかった、との声が多い。

上村智子さん（本書「宝子を見て育つ」、一四ページ〜）の父親の好男さんは、原田氏と同い年。疲れたときなどよく上村さんの家に立ち寄っていた。その好男さんは「原田先生は学者だったんかなあ。いつもふらっと呑みにこらして面白いはなしをして帰らしたばい」と愛着をこめて語る。患者たちにとってはえらい学者ではなく、いつもニコニコしてビールや焼酎を飲んでいる姿もまた原田氏なのである。患者の家に寄る時に、事前にアポを入れていくこともあるが、何気なくふっと立ち寄って「おるかな」と声をかけていたことが多い。事前に電話を入れていけば掃除をし片付けて起きて待っていてくれる。ところが何気なく立ち寄ると、当たり前の日常が広がっており患者たちは横になっていることも多い。病気を日常の中でみるということはそのようなことであるということかもしれない。

本書を見れば分かるように、原田氏は実に多くの現場に出かけている。医学の分野でも公衆衛生学などであれば地域に出かける機会は多いのかもしれない。原田氏は神経精神医学の臨床医であり研究者であり、通常は診察室に患者を受け入れて診るのが仕事である。ところが、原田氏は水俣病に出会った時から水俣の現地に足を運んでいた。最初は水俣市立病院に患者を呼び出して診察をしていた。その時のフィルム映像も残っている。が、すぐに患家に出かけ、生活の場で診察するようになる。また、三池炭じん爆発の際も爆発直後に現場に足を運び、その後は患者の家を訪れ、CO中毒の被害実態を明らかにしている(本書「医学的な過誤」、一二九ページ〜)。この若い時に培われた経験はその後、国内外の公害被害発生の現地に出かけた時に活かされる。

さらにいえば、公害被害の現地に赴いた時、その地の病院の診察室で患者を診ることはほとんどない。そもそも原田氏の訪れる被害発生現場は病院のないところがほとんどである。あるいは医療機関があったとしても住民の立場に立っている医療者は希有である。だから集会所のようなところで診察(検診)する。例えば、カナダのような先進国で発生した先住民居留地の水俣病調査でも同様だ。人口一〇〇〇余りの大平原の中にしつらえられたカナダ先住民だけが住む村には常駐する医師もいなければ診療所もない。週に二回程度、都市から医師が来るが、水俣病に対する理解もなければ先住民たちへの共感も乏しい。そこへ原田医師ら日本人チームは出かけていき、検診調査を始めると、何十人もの人たちが行列をなして診察を待つ。検診場所は公民館や学校の体育館だったりする。宿泊も、ホテルなどないので現地の人の家に泊めてもらうことになる。

現地に学ぶという水俣学の基本は、このようなところから始まっている。

水俣学始まりの頃

本書は新聞連載をまとめて二〇〇二年に刊行された。この時点は、原田氏は熊本学園大学に赴任されたばかりで、水俣学という教育研究の構想が動き出してはいたが、現在のような研究センターができていたわけではなかった。

原田氏が本学に赴任するにあたって何がしたいかと問われ、「水俣学」とつぶやいたことがはじまりであった。

当時、原田氏の熊本大学の停年が近くなったころ、本書「まえがきに代えて」にも書かれているが、いくつもの大学から声がかかっていたようだ。私のところにもぼんやりと聞こえてきていたが熊本県外の大学ばかり。そこで、熊本学園大学に来てもらおうという話が、社会福祉学部の同年代の数人の教員仲間でもちあがった。原田氏にコンタクトをとり話をまとめてくるのが私の役目、学部内外の必要な調整をするのが中野元教授、水俣学を始めていくにあたっての学問的な準備としてシンポジウムを企画したのが小林直毅教授(現在、法政大学)であった。このシンポジウムの記録は『水俣学研究序説』(藤原書店)に収録され、『水俣学講義第一集』(日本評論社)と合わせて水俣学研究の出発点となった。

私自身は、それまでも現地の支援者たちとも相談して熊本に残ってもらおうという話をしていた。ご自宅を訪ねて熊本学園大学に来てくださいと伝えると、なかなかうんといってくれない。どうも隣県の大学にいくと返事をされていたようだった。詳しく話を聞いていくと、まだ就任するという書類に印鑑を押していないとぼそっとおっしゃった。翌日仲間と相談して大学執行部に伝えると、原田氏をよく知る理事や理事長たちがすぐに酒席を設けて(といっても居酒屋らしかったが)、話を始めた。最初は世間話ばかりしていて、原田氏も何のために呼び出されたのか分からなかったようだが、二軒目に移り熊本学園大学に来て欲しいというのが話の主題だということが分かったという。「熊本学園大学に来て何がしたいですか」と問われて、「水俣学」といってしまった。それが原田流の水俣学の始まりの後日談となっている。

とはいえ、単なる思いつきでもなければ根拠のないことでもなかった。熊本大学医学部を終え、そろそろ自分の仕事をまとめようと考えておられた頃のことである。

赴任当時に水俣学と言い出した時には「水俣学」と題した講義を開講することぐらいを考えていたようで、その講義の内実が水俣学になるはずであったのだろう。本書が刊行された二〇〇二年に第一期目の水俣学講義が開講されている。赴任の年に新設の福祉環境学科に開設された科目なので、本格始動は三年目まで待たなくてはならなかった。「本年後期から熊本学園大学社会福祉学部で『水俣学』を正式に開講する。世界はもちろん日本でもユニークな講座になると思う」(本書「『水俣学』事始め」、三ページ〜)と高らかに宣言している。

原田氏が提起された水俣学の授業は、原田氏自身が一五回講義するというものではなかった。そもそも水俣学とは原田氏一人で作り上げられるものと構想されていたのではなく、主役は水俣病の患者や被害者たちであり、ともに歩む研究者や住民たちでつくっていくべきものであった。そして、足尾鉱毒事件で田中正造が提唱し今日まで続く「谷《や》中学《なか》」のように、一〇〇年後も続けられるはずのものであった。だから水俣学の講義も、原田氏ばかりではなく水俣病に関わった本学の教員や、学者のみならず、写真家、ジャーナリスト、法律家、チッソの労働者、支援者などにくわえて水俣病患者をも授業に呼んで話してもらうというものであった。学問の壁を越える、専門家と素人の壁を越えるという水俣学のあり方をそのまま組み立てた三年生向けの授業であった。

一年目には、本書にも登場する宇井《うい》純《じゅん》さん、患者の浜元二徳さん、写真家の桑原《くわばら》史成《しせい》さんら、二年目には患者の上村好男さん、映画監督の土本典昭さん、元水俣市長の吉井正澄さん、新潟の弁護士坂東克彦さんらを迎えている。三年目になると、石牟《いしむ》礼《れ》道子《みちこ》さん、元熊本県知事の沢田一精さん、経済学者の宮本憲一さんらをお呼びした。いくつか暗黙の原則があって、水俣病や公害問題に直接関わったことのある方をお呼びし、講義をしていただくのは学内の教員を別にすれば一度だけ、授業は誰が聴きに来てもかまわない、などであった。大学のコンピューターセンターに協力してもらって、インターネットでのライブ中継もするようになった。この水俣学講義はその後も休むことなく同様のスタイルで毎年開講され、今年二〇一六年で第一五期を迎える。

また三年次に開講されているものの、原田氏が所属されていた福祉環境学科では、一年次に水俣への一泊二日の現地研修も行っている。のちに二〇〇五年、大学院でも水俣学に関わる専攻(社会福祉学研究科福祉環境学専攻)を博士課程の下におき、一年次から大学院までつらなるコースを完成させた。

熊本学園大学での原田氏

水俣学とは単に授業をすることだけではなかった。教育をする上では研究の裏付けがもちろん必要である。そこで原田氏を中心にして水俣学研究プロジェクトが立ち上がり、研究チームができあがった。それは、原田氏から学ぼう、氏の提唱する水俣学に参画しようという研究者たちの集まりであった。本書刊行の段階ではまだ始動したばかりで、研究会をしたり、一緒に水俣に出かけたり、イタイイタイ病の現地である富山や大気汚染公害の尼崎、瀬戸内海汚染の水島などの訪問を始めていた。もちろん、原田氏には、熊本大学時代にはできなかったことを自由にしてもらおうとも考えていた。

そうはいっても、原田氏にはいくつもの授業を担当していただいた。熊本学園大学は文系大学であるので、環境論、医学一般等という講義とともに演習も担当した。もともと国立大学医学部の教官であったので、文系学部にあるようなゼミナール演習はご存じなかった。私にも演習とはどのようなことをするのかと尋ねられ、それぞれのスタイルで自由に組み立ててくださいなどと適当にお答えしていたのだが、そもそも分かっておられなかった。そこで、原田氏がとった行動は、親しい先生に聞くということだったのだが、聞いた相手が宇沢弘文先生(経済学者・東京大学名誉教授)だったというから、どこまで納得できる説明を受けられたのか定かではない。ただ学生と文献を読んだり発表させたりし、また知人の医師のいるホスピスに学生を引率したり、ご自身が関係している裁判の傍聴に連れて行ったりしていた。この裁判は精神病に関わる刑事裁判で鑑定人として意見を述べるものであったが、傍聴していた学生は原田氏に質問する検事の強硬な発言に、「なぜ鑑定人である先生がいじめられないといけないのか」と憤慨していたそうで、そうした学生の反応を楽しんでいた。

「医学一般」という社会福祉の資格課程に必要な授業では、医学部から脳標本をもって来て学生に見せるなど、いろいろと工夫をしていた。この授業は数年で代わりの先生にバトンタッチされたが、環境論の授業と合わせて『環境と人体』(世界書院、二〇〇二年)という本にまとめられた。その広告には「医師として水俣病と長年にわたって取り組んできた著者が、内なる人間環境の仕組みと、それを取り囲む外的環境とのかかわりについて、幅広く、しかも専門性の質を落とさずに概説」とある。

原田氏のめざしたもの

本書のメッセージの中心にあるのは「公害の原因と責任は強いものにあり、結果と被害は弱いものが被る」ということであり、そのとき、どこに身を置くかという自戒を込めた問いかけである。それに答えるような行動の記録が本書である。

原田氏はまごうことなき水俣病の専門家であった。彼ほど患者を見た人はいない。その原田氏が水俣学を提起して「専門家と素人の壁を越える」、「学問の壁を越える」、「国境を越える」と主張した。そしてその根幹には「現地に学び、現地に返す」という規範が岩盤のように位置づいている。

水俣学と言い出した当初は、学問としての対象や体系性がないと批判されたこともあった。じつは原田氏は学としてそのようなことが必要であることは百も承知の上で、しかし新たな学のかたちの創造を志していたのだった。それを喝破したのが、京都大学の文化人類学者でスリランカで原田氏とともに調査した足立明氏だった。マイケル・ギボンズの学問のモード論――様式論といった方が分かりやすいが――ですでに議論されていると指摘したのだ(『現代社会と知の創造』丸善)。旧来の伝統的な学問の方法にのっとり大学や研究機関のなかで完結するモード1に対して、市民も含む多様な人々の参加するオープンなモード2の学問が提唱されていたが、水俣学はこのモード2にあたる。ここでは、厳密なディシプリンが求められるわけではない。オープンな学である以上、学を形成するプロセスが大切なのである。ただし、水俣学において明瞭なことは、ギボンズのモード2の学問と異なって、いささか叙情的な表現ではあるが、水俣病という負の遺産を将来に活かす、弱いものの立場に立つ、いのちを大切にするという目的がはっきりしていることである。

私が大型研究費を申請するための煩わしい文書作成で無い知恵を絞っていた時、下書きを見た原田氏が、さらりと「ナンバーワンではなくてオンリーワンをめざす」「地の利、人の利を活かす」と赤字を入れた。伝統的な学の世界に拘束されていた私に対して、肩の力を抜いたこのようなことを何気なく書き込む。それでこの申請書が文科省によって採択されたのだから、私もシャッポを脱ぐしかなかった。

すでに述べたように、二〇〇五年に熊本学園大学に原田氏をセンター長とする水俣学研究センターが設立され、熊本市内の大学キャンパス内と水俣市内に研究拠点を置くことができた。水俣病発生公式確認五〇年の二〇〇六年には、原田氏が訪問調査、支援してきた世界の公害被害地域一三カ国一四地域から、研究者や被害住民を招聘して国際会議を開くことができた。水俣学の特徴として、研究者だけではなく、被害住民、支援のNGOの三人セットで登場願った。

ところが、この国際会議直前の二〇〇六年八月、原田氏は脳梗塞を起こして倒れた。翌年には食道がんが見つかり大手術。その後、奇跡的に復活し、大学に復帰された。二〇一〇年三月、熊本学園大学退職直前にはカナダ先住民水俣病調査を行われた。水俣学研究センター長としての最後の調査であった。その年の秋には悪性リンパ腫が見つかり、二〇一二年六月一一日、自宅で家族にみとられながら永眠した。

水俣病発生公式確認六〇年と水俣学の展開

原田氏が亡くなってから、本書にも登場する患者さんのお宅に伺うと仏壇の横だったり鴨居の横だったり、原田氏の写真が飾ってある。そのうちの一軒が水俣市月浦の田中実子さんの家である。

一九五六年四月、水俣の漁村で子どもが発病し、チッソの附属病院に入院した。原因が分からないため細川一院長が水俣保健所に届け出たのが五月一日であった。その日を水俣病発見公式確認の日という。本書現代文庫版が発行される二〇一六年で六〇年を迎える。その六〇年間、いかなる歴史が刻まれて来たのだろうか。保健所に届けられたのは二人の子どもだった。そのうちの一人、田中実子さんはいまも、水俣市南部の小さな入り江の一角にひっそりと家族に支えられながら暮らしておられる。水俣病訴訟の原告で船大工の家庭であった。ご家族は、世間に出ることをよしとせず、時々親しい方が訪れるだけで、静かに隠れるように暮らしておられた。原田氏が晩年、実子さんは水俣病の生き証人なのだから大事に生きていて欲しいと繰り返しいっていた。

この家庭は水俣病六〇年の縮図のような家庭である。一九五六年四月、姉妹が発症。次いで家族が次々と発症した。一九五九年末には悪名高い見舞金契約の対象となった。ご両親は第一次水俣病訴訟の原告となり裁判闘争を闘った方。しかし長女は未認定のまま。同じ家庭に育ち同じ食生活をしながら、行政的な扱いは全く異なる。長女の夫は認定申請したが棄却され、国、熊本県、チッソを相手にした損害賠償請求を起こされていた。そのかたわら行政不服審査請求を進め、棄却処分が覆され認定された。田中実子さんは重度の小児性水俣病患者としてその六〇年を見てきた人である。長女の綾子さんもまた苦労して生きてこられた。

実は水俣病の六〇年の歴史を築いて来たのは他ならぬこのような水俣病の被害民であり、この被害民のたたかいであった。その一端が本書に紹介されている。これらの人たちがいなければ、水俣病ははるか昔に終わったものとされていただろう。

「水俣病問題の解決」といわれるが、よく読んでみるとそれは「紛争状態の解決」であることがほとんど。とするならば、「紛争」を起こす患者たちがいなくなると水俣病問題は解決したことになってしまう。

水俣病に関していうと、被害の全体像が未だ明らかになっていない。いったい何人の患者がいるのか、汚染がいつからいつまで続き、どの地域で被害が出たのか、分かっていない。いや正確に言うと、分かっていないというよりも、行政やチッソが被害を矮小化しようとするから、この課題の一つ一つが訴訟の係争点になる。厳密な科学的論争の話ではない。被害者に対する補償と救済に限定して考えると、必要な判断材料はある。原田氏が水俣病の調査を始めたころは患者数は一〇〇人に満たなかった。今日、国が公式に認めた認定患者は二二七八人、魚貝類を通した有機水銀の摂取によって水俣病の症状を有し医療給付を受けている人たちを合わせると六万人程度となる。この数字の増加は、水俣病の新規発症があるとは考えにくいので、差別偏見を恐れてまだまだ潜在している人たちが不知火《しらぬい》海沿岸には多いことを意味している。

水俣病は「社会的、政治的」問題だと原田氏が書くのはそのようなことである。つまり水俣病は医学だけの問題ではなく、すぐれて社会的な問題である。というよりも、発生、被害の拡大そして救済と補償にいたるまで、社会的な課題であった。水俣病は社会を映す鏡であると原田氏は語るが、そうであるからこそ水俣病に関する研究はそして水俣学はそこに向き合う他ない。

おわりに

その後も原田氏の遺志を受け継いで、とはなかなかいかないが、同行した人たちの営みは続いている。研究者ばかりではなく、熊本大学以来原田氏を支えて来た石坂美代子さんは、原田氏の残した論文や資料を整理し、また水俣学を支え続けておられる。その石坂さんの支えを受けて、原田氏の熊本学園大学の教え子が二人、最近相次いで博士論文を完成させた。一つは胎児性水俣病の研究であり、もう一つは漁村社会と水俣病被害の研究であり、ようやく水俣学の若手が育ってきた。

最後に二つのことを述べてこのつたない解説を閉じたい。公害の三つの責任について、発生責任、被害拡大責任、そして救済の責任と書かれているところ(本書「水俣と三池を伝えて」、九七ページ)で原田氏は、救済のあとに括弧書きで「償い」と書き込んでいる。公害とは、原因と責任は強いものに、結果と被害は弱いものにあり、決して対等ではないことを忘れてはならない、という主張からすれば、救済の責任とは、第三者による救いの手ではなく、加害者による償いでなければならない。水俣病においては国や行政機関もまた加害者であったのである。

そのような考え方を可能にしたのは、原田氏が事実そして現実の前に素直な人、正直な人であったからであり、言い換えると政治やセクト的思考とは縁のない自由な人であり、権力的姿勢や組織に拘束されることを嫌った人であったからであると思う。本書をひもとく人にそうしたことが伝われば幸いである。

（熊本学園大学教授、水俣学研究センター長）

本書は二〇〇二年一一月、東京新聞出版局より刊行された。

いのちの旅 「水俣学」への軌跡

2016年4月15日　第1刷発行
2025年1月15日　第2刷発行

著　者　原田正純《はらだまさずみ》

発行者　坂本政謙

発行所　株式会社 岩波書店
〒101-8002 東京都千代田区一ツ橋 2-5-5
案内 03-5210-4000　営業部 03-5210-4111
https://www.iwanami.co.jp/

印刷・精興社　製本・中永製本

ISBN 978-4-00-603298-2　Printed in Japan

岩波現代文庫創刊二〇年に際して

二一世紀が始まってからすでに二〇年が経とうとしています。この間のグローバル化の急激な進行は世界のあり方を大きく変えました。世界規模で経済や情報の結びつきが強まるとともに、国境を越えた人の移動は日常の光景となり、今やどこに住んでいても、私たちの暮らしは世界中の様々な出来事と無関係ではいられません。しかし、グローバル化の中で否応なくもたらされる「他者」との出会いや交流は、新たな文化や価値観だけではなく、摩擦や衝突、そしてしばしば憎悪までをも生み出しています。グローバル化にともなう副作用は、その恩恵を遥かにこえていると言わざるを得ません。

今私たちに求められているのは、国内、国外にかかわらず、異なる歴史や経験、文化を持つ「他者」と向き合い、よりよい関係を結び直してゆくための想像力、構想力ではないでしょうか。

新世紀の到来を目前にした二〇〇〇年一月に創刊された岩波現代文庫は、この二〇年を通して、哲学や歴史、経済、自然科学から、小説やエッセイ、ルポルタージュにいたるまで幅広いジャンルの書目を刊行してきました。一〇〇〇点を超える書目には、人類が直面してきた様々な課題と、試行錯誤の営みが刻まれています。読書を通した過去の「他者」との出会いから得られる知識や経験は、私たちがよりよい社会を作り上げてゆくために大きな示唆を与えてくれるはずです。

一冊の本が世界を変える大きな力を持つことを信じ、岩波現代文庫はこれからもさらなるラインナップの充実をめざしてゆきます。

（二〇二〇年一月）

S292
食べかた上手だった日本人
―よみがえる昭和モダン時代の知恵―
魚柄仁之助

八〇年前の日本にあった、モダン食生活のユートピア。食料クライシスを生き抜くための知恵と技術を、大量の資料を駆使して復元！

S293
新版 報復ではなく和解を
―ヒロシマから世界へ―
秋葉忠利

長年、被爆者のメッセージを伝え、平和活動を続けてきた秋葉忠利氏の講演録。好評を博した旧版に三・一一以後の講演三本を加えた。

S294
新島襄
和田洋一

キリスト教を深く理解することで、日本の近代思想に大きな影響を与えた宗教家・教育家、新島襄の生涯と思想を理解するための最良の評伝。〈解説〉佐藤 優

S295
戦争は女の顔をしていない
スヴェトラーナ・アレクシエーヴィチ
三浦みどり訳

ソ連では第二次世界大戦で百万人をこえる女性が従軍した。その五百人以上にインタビューした、ノーベル文学賞作家のデビュー作にして主著。〈解説〉澤地久枝

S296
ボタン穴から見た戦争
―白ロシアの子供たちの証言―
スヴェトラーナ・アレクシエーヴィチ
三浦みどり訳

一九四一年にソ連白ロシアで十五歳以下の子供だった人たちに、約四十年後、戦争の記憶がどう刻まれているかをインタビューした戦争証言集。〈解説〉沼野充義

2025. 1

S297
フードバンクという挑戦
—貧困と飽食のあいだで—
大原悦子

食べられるのに捨てられてゆく大量の食品。一方に、空腹に苦しむ人びと。両者をつなぐフードバンクの活動の、これまでとこれからを見つめる。

S298
いのちの旅
「水俣学」への軌跡
原田正純

水俣病公式確認から六〇年。人類の負の遺産「水俣」を将来に活かすべく水俣学を提唱した著者が、様々な出会いの中に見出した希望の原点とは。〈解説〉花田昌宣

S299
紙の建築 行動する
—建築家は社会のために何ができるか—
坂茂

地震や水害が起きるたび、世界中の被災者のもとへ駆けつける建築家が、命を守る建築の誕生とその人道的な実践を語る。カラー写真多数。

S300
犬、そして猫が生きる力をくれた
—介助犬と人びとの新しい物語—
大塚敦子

保護された犬を受刑者が介助犬に育てるという米国での画期的な試みが始まって三〇年。保護猫が刑務所で受刑者と暮らし始めたこと、元受刑者のその後も活写する。

S301
沖縄 若夏の記憶
大石芳野

戦争や基地の悲劇を背負いながらも、豊かな風土に寄り添い独自の文化を育んできた沖縄。その魅力を撮りつづけてきた著者の、珠玉のフォトエッセイ。カラー写真多数。

2025. 1